"十四五"普通高等教育本科部委级规划教材

U0158182

生物食品类专业基础实验指导书

Shengwu Shipinlei Zhuanye
Jichu Shiyan Zhidaoshu

尹乐斌 翟忠英◎主编

中国纺织出版社有限公司

图书在版编目（CIP）数据

生物食品类专业基础实验指导书/尹乐斌，翟忠英主编 .--北京：中国纺织出版社有限公司，2022.11

ISBN 978-7-5229-0014-8

Ⅰ.①生… Ⅱ.①尹… ②翟… Ⅲ.①生物技术-应用-食品工业-实验-高等学校-教材 Ⅳ.①TS201.2-33

中国版本图书馆 CIP 数据核字（2022）第 204087 号

责任编辑：毕仕林 国 帅 责任校对：高 涵
责任印制：王艳丽

中国纺织出版社有限公司出版发行

地址：北京市朝阳区百子湾东里 A407 号楼 邮政编码：100124

销售电话：010—67004422 传真：010—87155801

http://www.c - textilep.com

中国纺织出版社天猫旗舰店

官方微博 http://weibo.com/2119887771

三河市宏盛印务有限公司印刷 各地新华书店经销

2022 年 11 月第 1 版第 1 次印刷

开本：787×1092 1/16 印张：17

字数：332 千字 定价：58.00 元

前　言

高校作为培养生物食品类专业高科技人才的摇篮，肩负着艰巨的使命。随着现代科学技术和社会的不断发展，对人才的需求逐步向综合型、创新型、实践型转变，这对高等教育事业提出了新的更高要求。现代生命科学的迅猛发展及生物科技产业化的突起，使得社会对生物工程人才的需求量不断增加。目前我国众多高校均设立了生物工程本科专业。生物工程是将生命科学领域科研成果转化为实际生产力的重要环节，是一门实践性很强的学科。社会要求生物工程本科毕业生不仅要具有较扎实的生物工程基础理论知识，还要具备一定的实验技能、动手能力，以及结合实际分析问题和解决问题的能力。综合实验课程将基础知识和专业知识有机结合，既体现了专业特色，又注意与实践应用接轨。开设综合性实验课程，使教学内容与科研相结合，可以使学生接受到更为直接、系统、全面的研究创新训练，从而提高其综合创新能力和工科实践能力，符合高等工科教育规律。通过综合性、设计性实践教学，增强了学生的实验兴趣，激发了学生的求知欲望和探索精神，提高了学生的动手能力和实践水平。

基于生物食品类专业基础实验课程开设的重要性和必要性，我们组织多年从事生物工程、食品质量与安全、食品科学与工程专业教学和科学研究的老师，在查阅大量文献资料和研究成果的基础上，结合自己在教学和科研过程中的经验，完成了《生物食品类专业基础实验指导书》的编写任务。

全书包括生物食品类专业基础实验室管理与安全、微生物学基础实验、生物化学基础实验、生物工程专业实验、食品分析与检测、生物食品类课程综合实习、附录七个部分，涵盖基因工程、细胞工程、发酵工程、蛋白质与酶工程、生物反应和生化分离工程、食品分析检测等领域的实验技术内容。在本书编写的过程中，以学生的需求和专业培养目标为总的指导思想，力求理论联系实际，既保证本专业常规常用技术，又反映本领域新技术和新成就。因此，本教材具有综合性、全面性、系统性、前沿性等特点。本书适合高等院校生物工程、生物技术、生物科学、食品质量与安全、食品科学与工程等专业的大学本科实验教学使用，也可供从事相关专业的研究者和生产者等人员参考。

编写过程中，邵阳学院食品与化学工程学院生物工程教研室、食品质量与安全及食品科学与工程教研室许多同志给予了很大的支持和帮助，在此谨向他们表示衷心的感谢。

本书在出版过程中，得到了湖南省"双一流"应用特色学科（食品科学与工程学科）、湖南省教育厅青年骨干教师培养对象（201910547001gg）、教育部产学合作协同育人项目

（202102095102）、湖南省一流专业建设点（生物工程）、邵阳学院产学研合作项目（2021HX65）的资助，特别感谢生态酿酒新技术与应用湖南省高等学校重点实验室、豆制品加工与安全控制湖南省重点实验室的大力支持。

　　由于编者水平和能力有限，本书仍然会有不当或错漏之处，敬请广大师生、同行和读者多批评指正。谢谢！

编　者

2022 年 10 月

目　录

彩图二维码

第一部分　生物食品类专业基础
实验室管理与安全

一、实验基本要求

（1）每次实验必须提前 3~5 分钟进教室，以免错过实验操作要点、注意事项及安全须知的讲解。实验前认真听老师讲解实验原理、过程及要求。

（2）每次实验前提交预习实验报告，了解实验目的、原理及操作方法。不熟悉的仪器设备，请在老师指导后使用，切勿随意乱动。实验台面试剂药品架上必须保持整洁，所用的试剂，用完后请立即盖严放回原处。实验中观察到的现象、结果和数据应即时如实地填在记录本上；实验中应记录使用仪器的类型、编号以及试剂的规格、浓度等，以便于实验报告的书写。

（3）每次实验都请签到，并按老师的要求写在相应的位置；每次实验前，请班长安排同学轮流值日，值日人员要负责当天实验室的卫生、安全，实验结束前请值日人员督促同学完成各自的整理任务。值日人员离开实验室前，应检查水、电、门窗等是否关闭。

（4）实验中和实验结束后做到及时清理，保证自己的实验台面整洁、干净、物品摆放有序。

二、安全须知及注意事项

（1）实验中必须穿戴实验服，并扣好衣扣，出实验室时及时脱下实验服；实验期间严禁使用手机看视频、聊天，发现一次黄牌警告，发现第二次红牌警告，发现第三次没收手机并本次实验成绩记 0 分。

（2）留长头发的女生实验时必须用皮筋把头发扎起来，以免酒精灯点燃头发。

（3）实验室不允许吃、喝任何食物，包括口香糖。

（4）严格按照无菌操作要求进行操作，接种时不许走动和讲话。每次实验前和结束后用消毒剂擦干净实验台面。

（5）永远把实验中用到的菌种看作潜在的致病菌，避免微生物培养物溢出或洒到实验台面上，如有溢出，立即用消毒液覆盖污染区，并告知老师。

（6）所有的培养物要贴好标签，注明菌种名称、日期、专业、培养基名称和接种人等信息。

三、废弃物处理

（1）含有培养物和培养基等用过的器皿等必须先煮沸杀菌后再清洗，勿将培养物直接倒入水池或垃圾桶中。用过的染色剂和有机试剂等勿直接倒入水池中，要倒入指定的容器中。本次实验结束后必须将所有垃圾从实验室清理干净。

（2）分类收集：生物实验室废弃物包含化学类废弃物、生物类废弃物、放射性废弃物以及实验器械与耗材废弃物等。

（3）内部转运：将分类收集好的废弃物由转运人员使用防渗漏、防遗撒的专用运送工具，及时转运至暂储室。

（4）暂时储存：暂时储存应施行专人管理，对废弃物进行登记，并按要求及时处理，禁止无关人员进入，避免废弃物的流失，同时储存场所必须上锁，做好防水、防虫、防鼠、防盗、防蚊蝇和防儿童接触等工作。

（5）集中处置：根据废弃物的性质，按照废弃物处置流程，通过物理处理、化学处理、填埋、焚烧等方式将废弃物彻底处理。对于一次性用品等污染性材料要高压灭菌后经相关部门批准后焚烧处理；像注射针头等感染性锐器要盛放在不易刺破的一次性容器中高压灭菌后焚烧处理，绝不能丢弃于垃圾场中；含有有毒、有害物质的废液应按其化学性质进行处理后，再回收到废液回收瓶中；无机酸碱中和后处理；针对一些致病性感染培养基、生化试剂、血清等按医疗废物的要求高压灭菌后交由专门的机构处置；非感染性实验室废物、塑料制品等经灭菌后原则上可以交由物业按生活垃圾处理；放射性废弃物的收集处理应该严格按照《中华人民共和国放射性污染防治法》《放射性同位素与射线装置安全和防护条例》和《放射性同位素与射线装置安全和防护管理办法》等法律法规执行。

四、紧急事故处理

1. 盐酸、硫酸（强氧化性）、硝酸、酸性腐蚀品的应急处置

皮肤接触：立即脱去污染的衣物，并用大量流动清水冲洗至少15min后就医；眼睛接触：立即提起眼睑，用大量流动清水或生理盐水彻底冲洗15min后就医；吸入：迅速离开现场并转移到空气新鲜处，保持呼吸通畅，如果呼吸困难，输氧。

2. 氢氧化钠、碱性腐蚀品的应急处置

迅速用水、柠檬汁、2%乙酸或2%硼酸水溶液洗涤；皮肤（眼睛）接触，启动洗眼器检查制度，对各项设施及实验操作进行监督，或用流动清水冲洗。

3. 割伤处置

一般割伤，取出伤口内异物，保持伤口干净，用酒精棉消除伤口周围的污物，涂上外伤膏或消炎粉。若严重割伤，可在伤口上部10cm处用纱布扎紧，减慢流血，并立即送医院。

4. 烧伤、灼伤处置

可用冷水疗法止痛，然后可在伤处涂一点甘油、烧伤油膏等，并及时到医院包扎就医。

5. 吸入性中毒处置

当吸入有毒、有害气体时，应迅速离开现场，呼吸新鲜空气。及时排出身体里的异物，保持呼吸道通畅，然后根据情况进行人工呼吸治疗或迅速送医治疗。

6. 意外吸入感染性物质的处置

在生物安全实验室内操作病原微生物时如果不慎吸入感染性物质时，需要尽快用消毒液进行初步处置。当事人在退出实验室之前要妥善处置正在操作的感染性材料，以免造成进一步的外溢等二次事故的发生。误吸人员有可能成为病原微生物的传染源，因此需要对其进行及时的医学观察和采取必要的隔离措施。需针对可能的病原微生物进行事故风险评估。详细紧急处置方法如下：

（1）立即停止相关实验操作，脱下外层被病原微生物污染的手套，退到安全区域，脱下口罩。

（2）用3%过氧化氢溶液或0.1%高锰酸钾溶液消毒口鼻腔。

（3）重新戴上新的口罩和手套，重新进入操作区将感染性材料和实验台进行必要的消毒和妥善处置。

（4）按规定程序退出实验室，立即服用针对所操作的病原微生物有效的抗毒制剂或抗菌药物。

（5）尽快将误吸者送往指定医疗单位进行救治和隔离观察。对吸入的感染性物质进行进一步的鉴定与报告。

（6）记录事件发生的细节及处置过程，保留完整的记录。

五、成绩评定标准

所有的预习实验报告课前由学委收齐交给老师评阅打分，实验报告于下次课前收齐交给老师评阅打分。实验课程的成绩主要以预习报告、学生的基本技能掌握的熟练程度与提高的幅度，分析问题、解决问题的能力与实验报告写作、期考等方面为主，辅助考虑学习态度、纪律、协作精神等方面进行综合评定。实验课程成绩由平时实验成绩和期末实验测试或考核成绩两部分组成，其比例为 6∶4，即实验课程最终成绩＝平时实验成绩（60%）＋期末实验考核成绩（40%）。

（1）实验预习：包括掌握实验原理及步骤，熟悉软件或仪器性能和使用方法，撰写预习报告。

（2）实验操作：包括综合表现以及熟练调试与使用软件或仪器设备，遵守操作规程，记录数据准确，规范完成实验流程。

（3）实验态度：包括学生出勤情况，学习态度，遵守纪律和各项管理制度等。

（4）实验结果及报告：实验报告应包括实验目的、原理、仪器设备、实验步骤、实验数据记录、实验数据处理及实验结果、实验结果讨论等几个部分。结论说明合理，文字表达清楚，图表工整规范，经验总结得当；报告反映出实验目的、内容、步骤、数据处理过程、实验结论分析等实验过程。要求内容完整、详细，书写清楚、工整，数据处理过程详细、能用图表表示更好，结论分析必须认真，实事求是。

期末实验课考试由任课实验教师在实验室组织实施，可采用多种方式开展。各门实验课程可以根据实验课程的教学内容和教学方式选择以下考试（考核）方式中的一种或多种组合。

（1）随机抽取实验项目，由学生在规定时间内独立完成。

（2）指定综合实验项目，由学生个人（或小组）在规定时间内独立完成。

（3）指定实验项目，由学生在规定时间内独立设计实验方案。

（4）实验课程卷面考试。

（5）期末实验课程答辩。

（6）实验平台自主评分。

（7）根据学生上交的多次实验报告，教师综合评分。

第二部分　微生物学基础实验

实验一 常用玻璃器皿的洗涤、干热灭菌与包扎

一、实验目的

（1）掌握实验室常用玻璃器皿的清洗、干燥和包扎方法。

（2）了解干热灭菌的原理，并掌握有关的操作技术。

二、实验原理

为确保实验顺利地进行，要求把实验所用的玻璃器皿清洗并干燥，微生物实验还要进行灭菌。为保持灭菌后的无菌状态，需要对培养皿、吸管等进行包扎，对试管和三角瓶等加塞棉塞。

1. 玻璃器皿的清洗

（1）洗涤液。铬酸洗涤液是用重铬酸钾（$K_2Cr_2O_7$）与硫酸（H_2SO_4）配制而成，可根据需要配制成弱、中、强三种（表1）。

表1　洗涤液配制

强度	组成		
	重铬酸钾/g	浓硫酸/mL	蒸馏水/mL
弱液	100	100	1000
中液	120	200	1000
强液	63	1000	200

（2）不能用有腐蚀性的化学试剂，也不能使用比玻璃硬度大的物品来擦拭玻璃器皿；新的玻璃器皿因表面黏附游离碱等较多，应用2%盐酸溶液浸泡数小时，再用清水冲洗干净。

（3）用过的器皿应立即洗涤。

（4）强酸、强碱、琼脂等能腐蚀、阻塞管道的物质不能直接倒在洗涤槽内，必须倒在废液缸内。一般的器皿都可用去污粉、肥皂或配成5%的热肥皂水来清洗。油脂很重的器皿应先将油脂擦去。沾有煤膏、焦油及树脂一类物质，可用浓硫酸、40%氢氧化钠或用洗液浸泡；沾有蜡或油漆物，可加热使之熔融后揩去，或用有机溶剂（苯、二甲苯、汽油、丙酮、松节油等）擦去。

（5）洗涤后的器皿应达到玻璃壁能被水均匀湿润而无条纹和水珠。

2. 器皿包扎

为了灭菌后仍保持无菌状态，各种玻璃器皿均需包扎。

3. 干燥

经常要用到的仪器应在每次实验完毕后洗净干燥备用。由于不同实验对干燥有不同的要求，一般定量分析用的烧杯、锥形瓶等仪器洗净即可使用，而用于精密分析的仪器很多要求

是干燥的，有的要求无水痕，有的要求无水。应根据不同的实验要求进行干燥。

（1）烘干。洗净的器皿控去水分，放在烘箱内烘干，烘箱温度为 105~110℃，烘 1 小时左右。也可放在红外灯干燥箱中烘干，此法适用于一般器皿，称量瓶等烘干后要放在干燥器中冷却和保存。带实心玻璃塞的及厚壁器皿烘干时要注意慢慢升温并且温度不可过高，以免破裂。量器不可放于烘箱中烘干硬质试管，用酒精灯加热烘干，要从底部烤起，把管口向下，以免水珠倒流把试管炸裂，烘到无水珠后把试管口向上排净水汽。

（2）热（冷）风吹干。对于急于干燥的仪器和不适于放入烘箱的较大仪器可用吹干的办法。通常用少量乙醇、丙酮（或最后再用乙醚）倒入已控去水分的仪器中摇洗，然后用电吹风机吹，开始用冷风吹 1~2min，当大部分溶剂挥发后吹入热风至完全干燥，再用冷风吹去残余蒸汽，以免其又冷凝在容器内。

（3）晾干。不急着用的仪器，可用蒸馏水冲洗后在无尘处倒置控去水分，然后自然干燥。用架子或带有透气孔的玻璃柜放置仪器。

4. 灭菌

灭菌是指杀死或消灭一定环境中的所有微生物，灭菌的方法分物理和化学灭菌法两大类。本实验主要介绍物理方法的一种，即加热灭菌。

加热灭菌包括湿热和干热灭菌两种。通过加热使菌体内蛋白质凝固变性，从而达到杀菌目的。蛋白质的凝固变性与其自身含水量有关，含水量越高，其凝固所需要的温度越低。在同一温度下，湿热杀菌效率比干热灭菌高，因为在湿热情况下，菌体吸收水分，使蛋白质易于凝固；同时，湿热穿透力强，可增加灭菌效力。

干热灭菌是通过使用干热空气杀灭微生物的方法。一般把待灭菌的物品包装就绪后，放入电烘箱中烘烤，即加热至 160~170℃维持 1~2h。干热灭菌法常用于空玻璃器皿、金属器具的灭菌。凡带有胶皮等易燃的物品、液体及固体培养基等都不能用此法灭菌。

三、仪器与试剂

（1）仪器耗材：常用各种玻璃器皿（试管 16 根/组、250mL 三角瓶 2 个/组、培养皿 8 个/组，移液管 6 个/组）、电热干燥箱、棉花、纱布、棉线、锥形瓶封口膜、橡皮筋、试管刷、锥形瓶刷等。

（2）试剂：清洗工具和去污粉、肥皂、洗涤液、洗手液等。

四、实验步骤

器皿的洗涤→烘干→制作棉塞→玻璃器皿的包扎→高压蒸汽灭菌。

1. 洗涤

（1）用试管刷蘸取少量去污粉反复刷洗器皿 2~3 次，清洗掉标签等杂物。

（2）用自来水冲洗 2~3 次。

（3）用少量去离子水荡洗 1~2 次，烘干水分。

2. 器皿包扎

（1）培养皿：洗净的培养皿烘干后每 8~10 套（或根据需要而定）叠在一起，用牢固的纸卷成一筒，或装入特制的铁桶中，然后进行灭菌。

（2）吸管：洗净烘干后的吸管，在吸口的一头塞入少许脱脂棉花，以防在使用时造成污染。塞入的棉花量要适宜，多余的棉花可用酒精灯火焰烧掉。每只吸管用一条宽 4~5cm 的纸条，以 30°~50° 的角度螺旋形卷起来，吸管的尖端在头部，另一端用剩余的纸条打成一结，以防散开，标上容量，若干支吸管包扎成一束进行灭菌，使用时从吸管中拧断纸条，抽出吸管（图1）。

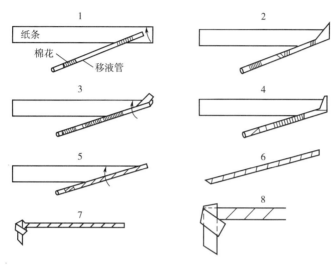

图 1　移液管的包扎

（3）试管和三角瓶：试管和三角瓶需要使用合格的棉塞，棉塞可起过滤作用，避免空气中微生物进入容器。制作棉塞时要求棉花紧贴玻璃壁，没有皱纹和缝隙，松紧适宜。过紧易挤碎管口和不易塞入；过松易掉落和污染。棉塞的长度不少于管口直径的两倍，约 2/3 塞进管口（图2）。若干支试管用报纸包扎后用绳扎在一起，在棉花部分外包裹油纸或牛皮纸，再用绳扎紧。三角瓶加棉塞后单个用报纸或牛皮纸包扎。

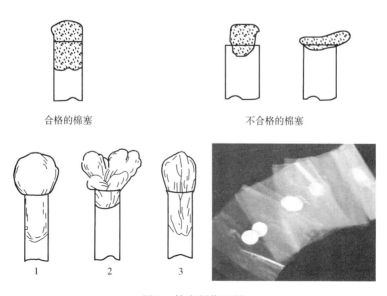

图 2　棉塞制作试样

3. 干热灭菌（电热干燥箱的使用）

（1）把要灭菌的物品放在干燥箱内，堆积时要留有空隙，勿使接触器壁，关闭箱门。

（2）接通电源，把电热干燥箱箱顶的通气口适当打开，使箱内湿空气能逸出，至箱内温度达到100℃时关闭。

（3）调节温度控制器旋钮，直至箱内温度达到所需温度为止，观察温度是否恒定，若温度不够再行调节，调节完毕后不可再拨动调节旋钮和通气口，保持140~160℃ 2~3h。

（4）切断电源，冷却到60℃时才能把箱门打开，取出灭菌物品。

五、实验报告

（1）列表记录各种不同物品所用的灭菌方法及灭菌条件（温度、压力等）。

（2）记录制作棉塞的质量和数量，并拍照。

（3）包扎培养皿、试管、移液管的质量和数量（表2），并拍照。

表2　包扎培养皿、试管、移液管的质量和数量

物品名称	数量	规格	灭菌方法	灭菌方法	图片

六、心得体会

七、思考题

（1）在干热灭菌中应注意哪些问题？为什么？

（2）试管和三角瓶上的棉塞的作用是什么？棉塞的质量对实验的结果有何影响？

（3）培养基分装到试管要注意哪些事项？

实验二 培养基的制备、湿热灭菌与接种

一、实验目的

（1）学习和掌握培养基配制的一般方法和步骤。

（2）了解高压蒸汽灭菌的基本原理和应用范围。

（3）学习高压灭菌锅的使用方法及注意事项。

（4）树立无菌操作意识，掌握倒平板和斜面接种技术的基本步骤及注意事项。

二、实验原理

1. 培养基的制备

微生物生长需要营养物质，培养基便是按照微生物的生长繁殖的需要，用人工的方法将多种物质调制而成的用于培养微生物的营养基质。这其中包括碳源、氮源、无机盐、水分和生长因子。微生物生长除需要满足这五大营养要素外，还需要有最适宜的酸碱度范围，才能表现出最大的生命活力，而不同种类的微生物在培养基上生长繁殖的最适酸碱度范围不同（一般来讲，细菌与放线菌适合于 pH 7~7.5、霉菌与酵母适合于 pH 4.5~6），因此应将培养基调节到一定的 pH 值范围。培养基的种类很多，就其物理性状而言，可分为液体培养基、固体培养基（1.5%~2%琼脂，反复溶解造成不凝固）和半固体培养基。

2. 湿热灭菌

（1）煮沸消毒法。注射器和解剖器械等可采用此法。先将注射器等用纱布包好，然后放进煮沸消毒器内加水煮沸。对于细菌的营养体煮沸 15~30min，对于芽孢则需煮沸 1~2h。

（2）高压蒸汽灭菌法。高压蒸汽灭菌用途广，效率高，是微生物学实验中最常用的灭菌方法。这种方法是基于水的沸点随着蒸汽压力的升高而升高的原理设计的。当蒸汽压力达到 0.1MPa 时，水蒸气的温度升高到 121℃，经 15~30min，可全部杀死灭菌锅内物品上的各种微生物和它们的孢子或芽孢。一般培养基、玻璃器皿以及传染性标本和工作服等都可用此法灭菌。

在高压蒸汽灭菌过程中，长时间的高温会使培养基中某些不耐热物质遭到破坏，如使糖类物质形成氨基糖、焦糖，因此含糖培养基常在 0.05MPa，112.6℃，15~30min 进行灭菌，某些对糖类要求较高的培养基，可先将糖进行过滤除菌或间歇灭菌，再与其他已灭菌的成分混合，培养基体积与灭菌时间的关系见表 1。在配制培养基过程中，泡沫的存在对灭菌处理极不利，因为泡沫中的空气形成隔热层，使泡沫中微生物难以被杀死。因而有时需要在培养基中加入消泡沫剂以减少泡沫的产生，或适当提高灭菌温度。

表 1 培养基体积与灭菌时间的关系

培养基体积/mL	灭菌温度/℃	灭菌时间/min
20~50	121	20
50~500	121	25
500~5000	125	35

3. 接种

将一种微生物菌种移接到另一灭过菌的新鲜培养基上的过程称为接种。接种必须严格按照无菌操作进行，否则将使微生物实验毫无意义。接种是微生物实验及科学研究中的一项基本操作技术。

三、仪器与试剂

（1）仪器耗材：高压蒸汽灭菌锅、电热干燥箱、电炉、微波炉、砧板、菜刀、培养箱、铁架台、三角漏斗、天平、酒精灯、接种环、500mL 烧杯、玻璃棒、漏斗、试管、三角瓶、培养皿、移液管、锥形瓶封口膜、试管刷等。

（2）试剂：牛肉膏、蛋白胨、NaCl、琼脂、蒸馏水、马铃薯、葡萄糖、1mol/L NaOH、1mol/L HCl、称量纸、棉花、纱布、棉绳、pH 试纸、牛皮纸、牛角匙等。

四、实验步骤

培养基的制备→灭菌→摆斜面或倒平板→无菌检查→斜面接种（图1）。

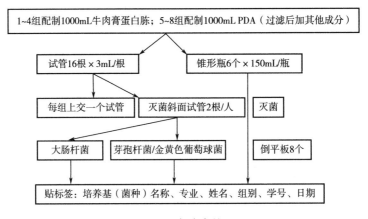

图 1　实验步骤

1. 培养基的制备

（1）称量：按培养基配方（见附录 2）计算各营养成分并依次准确称取。

（2）量水加热：用烧杯量取少于配制时所需的水量，在石棉网上加热。

（3）溶化琼脂：将称好的琼脂放入烧杯中并加热溶化，在琼脂溶化的过程中，需不断搅拌，以防琼脂糊底使烧杯破裂或溢出。

（4）加其他成分：将称好的其他各营养成分加入已溶化的琼脂中并搅拌使其完全溶解。

（5）调 pH 值：先用精密 pH 试纸测量培养基的原始 pH 值，再根据配方的 pH 值要求，用 1mol/L NaOH 或 1mol/L HCl 调节，每次滴加一滴，边加边搅拌，直至达到所需 pH 范围。

（6）补足水分：根据所配培养基的量补足所失水分。

（7）分装：按实验要求，将配制的培养基分装入试管或三角瓶内。分装过程中不要使培养基沾在管口或瓶口上，以免沾污棉塞而引起污染。分装是在漏斗、铁架台上进行的（图2）。液体培养基分装高度为试管高度的1/4左右；固体培养基分装试管不超过管高的1/5，灭菌后摆成斜面不超过管高的1/2。分装三角瓶的量不超过三角瓶容积的一半。半固体培养基一般以试管高的1/3为宜，灭菌后垂直待凝。

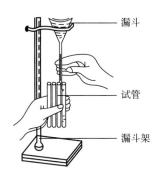

图2　培养基的分装

（8）加塞：培养基分装完毕后，在试管口或三角瓶口塞上棉塞，以阻止外界微生物进入培养基内造成污染，并保证有良好的通气性能。棉塞的作用是防止杂菌污染和保证通气良好。因此，棉塞质量的优劣对实验结果有很大的影响。正确的棉塞要求形状、大小、松紧与试管口（或三角瓶口）完全适合，过紧则妨碍空气流通，操作不便；过松则达不到滤菌的目的。加塞时，应使棉塞长度的1/3在试管口外，2/3在试管口内。

（9）包扎：加塞后，将试管或三角瓶用牛皮纸包扎好，以防灭菌时冷凝水润湿棉塞。标签注明培养基的名称、专业、姓名、学号、组别、日期等。

2. 培养基的灭菌

将包扎好的培养基按所需的灭菌时间和温度进行及时灭菌，不能过夜。如因特殊情况不能及时灭菌，则应放入冰箱内作短期保存。灭菌方法很多，实验室中常用的是高压蒸汽灭菌和恒温干燥箱灭菌，同温度下前者效果更好。

3. 摆斜面

灭菌后，如制斜面，则需趁热将试管棉塞端搁置在玻璃棒（或其他物品）上，并调整斜度，搁置的斜面长度不超过试管总长的1/2。

4. 倒平板操作（图3）

（1）75%酒精擦拭双手。

（2）待手上酒精挥发后，点燃酒精灯。

（3）将三角瓶的固体培养基趁热倒至已灭菌的培养皿内，过程如下。

①将灭菌过的培养皿放在火焰旁的桌面上，拆开牛皮纸包装，右手拿装有培养基的三角瓶，左手拔出棉塞。

②右手拿起三角瓶，使瓶口迅速通过火焰。

③用左手将培养皿打开一条稍大于瓶口的缝隙，右手将三角瓶中的培养基（10~20mL）倒入培养皿，左手立即盖上培养皿的皿盖，轻轻摇匀。

④等待平板冷却凝固，将平板倒过来放置，使皿盖向下，皿底在上。

倒平板操作

1.将灭过菌的培养皿放在火焰旁的桌面上，右手拿装有培养基的锥形瓶，左手拔出棉塞

2.右手拿锥形瓶，使瓶口迅速通过火焰

3.用左手的拇指和食指将培养皿打开一条稍大于瓶口的缝隙，右手将锥形瓶中的培养基(10~20mL)倒入培养皿，左手立即盖上培养皿的皿盖

4.等待平板冷却凝固，需5~10min，然后，将平板倒过来放置，使皿盖在下、皿底在上

图3　倒平板的操作

5. 无菌检查

将灭菌的斜面培养基或倒好的平板培养基放入37℃的温室中培养24～48h，以检查灭菌是否彻底。无菌生长时可以使用，放置在冰箱或清洁的橱内，备用。

6. 斜面接种

接种中始终保持无菌操作，所有器具必须灭菌，接种前后接种针要灭菌，所有操作在酒精灯火焰周围接种。

（1）接种前在试管上贴上标签注明接种的菌名、日期、接种者姓名、专业、学号等，贴在距离管底3cm且为斜面的背面处。

（2）75%酒精擦拭双手。

（3）待手上酒精挥发后，点燃酒精灯。

（4）用接种环将菌种转移到贴好标签的新鲜灭菌培养基中，过程如下（图4）。

①手持试管：用左手大拇指和食指、中指、无名指握住菌种试管和待接种的斜面试管，并将中指夹在两试管之间，使斜面向上，呈水平状态。在火焰边用右手松动试管塞，以利于接种时拔出。

②旋转棉塞：在火焰边用右手松动试管，以利于接种时拔出。

③取接种环：右手拿接种环通过火焰烧灼灭菌，然后将有可能深入试管的其余部分均用火烧过灭菌。

④拔棉塞：在火焰边用右手边缘和小指，小指和无名指分别夹持棉塞，将其取出，并让试管口过火灭菌（勿太烫）。

⑤接种环冷却：将灭菌的接种环伸入菌种试管内，先将环接触试管内壁或未长菌的培养基，达到冷却的目的。

⑥取菌种：待接种环冷却后将接种环轻轻沾取少量菌落或孢子，然后将接种环移出接种管，注意不要使环的部分碰到管壁，取出后不可使接种环通过火焰。

⑦接种：在火焰旁迅速将沾有菌种的接种环伸入待接种的斜面试管。用环在斜面自试管底部向上端轻轻地划"Z"线，勿将培养基划破，也不要使环接触管壁或管口。

⑧塞棉塞：取出接种环，灼烧试管口，并在火焰旁将棉塞塞上；塞棉塞时，不要用试管迎棉塞，以免试管在移动时带入不洁空气。

⑨接种环灭菌：将接种环烧红灭菌，放下接种环，再将棉塞旋紧。

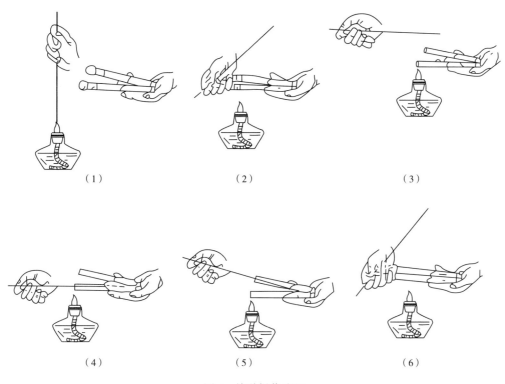

（1） （2） （3）

（4） （5） （6）

图 4 接种操作流程

五、实验报告

（1）记录本次实验配制培养基的名称及数量，并拍照。

（2）图解说明培养基的配制过程，指明要点。

（3）说明培养基灭菌菌检的结果，并填好表2。

表 2 培养基配制及菌落形态观察

菌种名称	培养基名称及配方，灭菌条件	菌落在斜面上的形态特征	图片

六、心得体会

七、思考题

（1）配制培养基有哪几个步骤？在操作过程中应注意些什么问题？为什么？

（2）培养基配好后，为什么必须立即灭菌？若不能及时灭菌应如何处理？如何进行无菌检查？

（3）为什么干热灭菌比湿热灭菌所需的温度高、时间长？

（4）接种前后为什么要对接种环进行灼烧灭菌？

（5）微生物接种为什么要在无菌条件下操作？

（6）接种要注意哪些环节才可以避免染杂菌？

八、附图

平板划线法操作流程见图5。

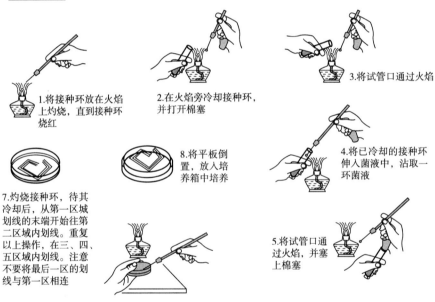

图 5　平板划线法操作流程

实验三 显微镜的使用及细菌单染色

一、实验目的

（1）熟练掌握普通光学显微镜各部分的结构和性能。
（2）巩固无菌操作技术。
（3）掌握细菌的涂片和单染色技术。

二、实验原理

1. 显微镜的构造及原理

显微镜是微生物学研究工作中不可缺少的工具，显微镜的种类很多，用于微生物形态观察的以普通光学显微镜最常用。普通光学显微镜由机械装置和光学系统两大部分构成。机械装置包括：镜座和镜臂、镜筒、转换器、载物台、调焦装置；光学系统包括：目镜、物镜、聚光器、反光镜。光学显微镜的一般构造见图 1。

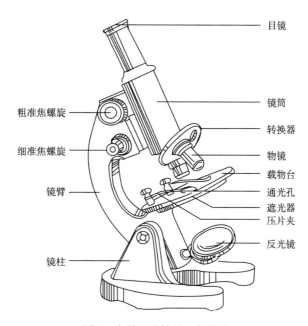

图 1 光学显微镜的一般构造

显微镜的物镜通常有低倍物镜（16mm，10×）、高倍物镜（4mm，40~45×）和油镜（1.8mm，95~100×）三种。油镜通常标有黑圈或红圈，也有标有"OI"或"HI"字样。使用时油镜与其他物镜不同的是载玻片与物镜之间不是隔一层空气，而是隔一层油质，称油浸系，常用的油是香柏油，它的折射率为 1.52，与玻璃相同。当光线通过载玻片后，可直接通过香柏油进入物镜而不发生折射。如果玻片与物镜之间的介质为空气，则称干燥系。光线通过玻片后会发生折射，使进入物镜的光线减少，从而降低了视野的照明度。利用油镜不但能增加照明度，更重要的是提高数值孔径，从而提高显微镜的放大效能（图2）。

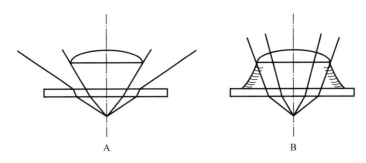

图2 干燥系物镜：A 与油浸系物镜；B 的光线通路

2. 细菌单染色

所谓单染色法是利用单一染料对细菌进行染色的一种方法。此法操作简便，适用于菌体一般形态的观察。在中性、碱性或弱酸性溶液中，细菌细胞通常带负电荷，所以常用碱性染料进行染色。碱性染料并不是碱，而是和其他染料一样是一种盐，电离时染料离子带正电，易与带负电荷的细菌结合而使细菌着色。例如，美蓝（亚甲蓝）实际上是氯化亚甲蓝盐，它可被电离成正、负离子：带正电荷的染料离子可使细菌细胞染成蓝色。常用的碱性染料除美蓝外，还有结晶紫（crystal violet）、碱性复红（basicfu-chsin）、番红（又称沙黄，safranine）等。细菌体积小，较透明，如未经染色常不易识别，而经着色后，与背景形成鲜明的对比，易于在显微镜下进行观察。

三、仪器与试剂

（1）仪器：显微镜、载玻片、酒精灯、火柴/打火机、接种环。

（2）试剂：大肠杆菌、苏云金芽孢杆菌的斜面菌种、吸水纸、擦镜纸、吕氏美蓝染色液（亚甲蓝）、石炭酸复红染色液、无菌水。

四、实验步骤

涂片→干燥→固定→染色→水洗→干燥→镜检→绘图、拍照。

1. 细菌简单染色（图3）

（1）涂片：取两块干净的载玻片，各滴一小滴无菌水于载玻片中央，用无菌操作分别挑取苏云金芽孢杆菌和大肠杆菌于二载玻片的水滴中（每一种菌制一片），调匀并涂成薄膜。注意滴无菌水时不宜过多，涂片必须均匀，不宜过厚。也可采用"三区"涂片法：在玻片中央、偏左和偏右方各加一滴无菌水，先挑取少量的大肠杆菌、苏云金杆菌在左右一方分别涂片后，再将左右方的菌液延伸于中间区，使两种菌相互混合便于对照。

（2）干燥：自然气干或酒精灯高处微微加热。

（3）固定：手执载玻片一端，使涂菌一面向上，通过火焰2~3次，此操作也称热固定，其目的是使细胞质凝固，以固定细胞形态，并使之牢固附着在玻片上。

（4）染色：在整个涂面上滴加美蓝或石炭酸复红或结晶紫，染色 1min。

（5）水洗：倾去染液，用自来水细流冲洗至流下的水中无染料颜色为止。

（6）干燥：空气中自然干燥或在酒精灯高处微微加热，或用电吹风吹干，也可用滤纸吸干，注意不要擦掉菌体。

（7）镜检：待标本片完全干燥后，先用低倍镜和高倍镜观察，将典型部位移至视野中央，再用油镜观察。

（8）绘图、拍照：绘出、拍出所观察到的细菌形态图像，注明菌种名称、放大倍数、染色结果。

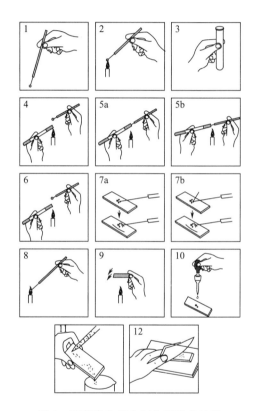

图 3　细菌染色标本制作及染色过程

1. 取接种环　2. 灼烧接种环　3. 摇匀菌液　4. 灼烧管口　5a、5b. 从菌液或斜面取菌　6. 取菌毕，灼烧管口、加塞

7. a 将菌液直接涂片（或 7b 混匀涂片）　8. 烧去接种环上的残菌　9. 固定　10. 染色　11. 水洗　12. 吸干或自然干燥

2. 显微镜的使用

（1）用前检查：零件是否齐全，镜头是否清洁。

（2）调节光亮度。

（3）低倍镜观察：先粗调再微调至物像清晰。将标本片置于载物台上，用弹簧夹固定，移动推进器，使观察对象处于物镜正下方。旋动粗调螺旋，使物镜与标本片距离约 1cm（单镜筒显微镜）或 0.5cm（双镜筒显微镜），再以粗螺旋调节，使镜头缓慢升起（单镜筒），或使载物台缓慢下降（双镜筒），直到物像出现后再用微螺旋调节使物像清晰。然后移动标本玻片，将观察目标移至视野中心后，仔细观察与绘图。

（4）转入中倍、高倍观察：由低倍镜直接转换成高倍镜至正下方。转换时，需用眼睛于侧面观察，避免镜头与玻片相撞。调节聚光器和光圈使视野亮度适宜，而后微调细螺旋使物像清晰。利用推进器移动标本找到需要观察的部位，并移至视野中心仔细观察或准备用油镜观察。

（5）绘出所观察到的细菌形态图像。

（6）换片：另换新片观察，必须从（3）步开始操作。

（7）用后复原：观察完毕，上悬镜筒，后将镜体全部复原。

五、实验报告

（1）根据观察结果，用铅笔绘制细菌的简单染色形态图，用文字描述菌体形态特征。图片注明放大倍数（目镜×物镜）及所观察的菌种名称及染色结果。

（2）手机拍照细菌简单染色结果，彩色打印出来贴在实验报告上，图片注明放大倍数及所观察的菌种名称及染色结果并填写表 1。

表 1 菌体形态特征观察

菌种名称	放大倍数	菌体形态特征	染色结果	图片
	物镜_____×目镜_____			
	物镜_____×目镜_____			
	物镜_____×目镜_____			
	物镜_____×目镜_____			

六、心得体会

七、思考题

（1）镜检标本时，为什么先用低倍镜观察，而不是直接用高倍镜或油镜观察？

（2）微生物在绝大多数情况下，为什么必须经过染色后才能进行观察？

（3）涂片在染色前为什么要先进行固定？固定时应注意什么问题？

（4）细菌为什么常用碱性染料染色？

（5）根据实际体会，你认为制备染色标本时，应注意哪些事项？

八、附图

炭疽杆菌菌体形态特征见图 4。

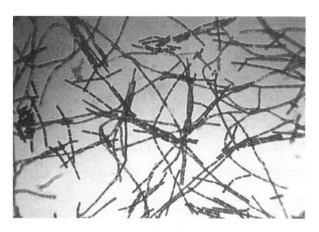

图 4 炭疽杆菌菌体形态特征

实验四　显微镜油镜的使用及革兰氏染色法

一、实验目的

（1）学习并掌握油镜的使用技术。

（2）掌握细菌的革兰氏染色方法。

（3）了解革兰氏染色法的原理及其在细菌分类鉴定中的重要性。

二、实验原理

1. 显微镜油镜的使用原理

详见实验三。

2. 革兰氏染色原理

革兰氏阳性菌的细胞壁主要由肽聚糖形成的网状结构组成，在染色过程中，当用95%乙醇处理时，由于脱水而引起网状结构中的孔径变小，细胞壁的通透性降低，使结晶紫-碘复合物被保留在细胞壁内而不易脱色，因此呈蓝紫色。革兰氏阴性菌的细胞壁中肽聚糖含量低，脂类物质含量高，当用乙醇处理时，脂类物质溶解，细胞壁的通透性增加，使结晶紫-碘复合物容易被乙醇抽提出来而脱色，然后又被染上了复染剂的颜色，因此呈现红色（图1）。

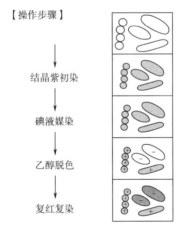

图1　革兰氏染色的主要步骤

三、仪器与试剂

（1）仪器：显微镜、载玻片、酒精灯、火柴、接种环。

（2）试剂：大肠杆菌、芽孢杆菌/金黄色葡萄球菌、吸水纸、擦镜纸、香柏油、二甲苯、擦镜纸、革兰氏染色液（结晶紫、碘液、95%乙醇、沙黄、无菌水）。

四、实验步骤

涂片→晾干→固定（火焰快速通过 2～3 次）→结晶紫初染 1min→水清洗→碘液媒染 1min→95%酒精脱色 20～30s→水清洗→番红复染 2min→水清洗→晾干→低倍（10×）镜检、找视野→高倍（40×）、绘图、拍照→滴香柏油→油镜观察（100×）、绘图、拍照→调整显微镜（老师评分）→擦镜纸蘸二甲苯清洗油镜镜头 3 次→擦镜纸擦干残留的二甲苯→显微镜复原→装箱→清理台面及地面卫生→离开。

1. 革兰氏染色

（1）取菌涂片：取干净的载玻片两片，各滴一滴蒸馏水于载玻片的中央，用无菌操作分别挑取大肠杆菌和苏云金杆菌于两载玻片的水滴中（每种菌各制一片），调匀并涂成极薄的膜。也可采用"三区"涂片法：在玻片中央偏左和偏右方各加一滴无菌水，先挑取少量的大肠杆菌、苏云金杆菌在左右一方分别涂片后，再将左右方的菌液延伸于中间区，使两种菌相互混合便于对照。

（2）晾干：于室温下自然晾干或在远离酒精灯火焰处烘干。

（3）固定：涂片面向上于火焰上快速通过 2～3 次，使细胞质凝固，以固定细菌的形态，使其不易脱落。但不能在火焰上烧烤，细胞过度失水使细胞质浓缩，破坏细菌的形态。

（4）初染：在做好的涂面上滴加草酸铵结晶紫染液，染 1min，倾去染液，流水冲洗至无紫色（不要对着有菌体的地方冲洗，否则容易把菌冲掉）。

（5）媒染：先用新配的卢戈氏碘液冲去残水，而后用其覆盖涂面 1min，后水洗。

（6）脱色：将载玻片上的水甩净，滴加 95%的乙纯脱色至流出的酒精刚刚不出现紫色为止（20～30s），立即用流水冲洗。

（7）复染：滴加番红液染 2min，水洗后用吸水纸吸干。

（8）晾干：于室温下自然晾干或在远离酒精灯火焰处烘干。

（9）镜检：用油镜观察染色结果。

（10）绘图、拍照：绘出、拍出所观察到的细菌形态图像，注明目镜、物镜放大倍数，菌种名称及染色结果。

2. 油镜的使用

（1）用前检查：零件是否齐全，镜头是否清洁。

（2）调节光亮度。

（3）低倍镜观察：先粗调再微调至物像清晰。

（4）转入中倍、高倍观察，每一步只需调微调旋钮即可看到清晰的物像。

（5）油镜观察：高倍镜下找到清晰的物像后，旋转转换器，在标本中央滴一滴香柏油，使油镜镜头浸入香柏油中，细调至看清物像为止。

（6）绘出所观察到的细菌形态图像，注明目镜、物镜放大倍数，菌种名称及染色结果。

（7）换片：另换新片观察，必须从（3）步开始操作。

（8）用后复原：观察完毕，上悬镜筒，先用擦镜纸（不能用滤纸）擦去油镜头上的香柏油，然后用擦镜纸沾取少量二甲苯擦去残留的油，最后用擦镜纸擦去残留的二甲苯，后将镜体全部复原。

（9）显微镜是贵重仪器，必须保养好，显微镜用完放回原来的镜箱。

五、实验报告

（1）根据观察结果，用铅笔绘制两种细菌的革兰氏染色形态图，注明放大倍数及所观察细胞名称及染色结果（手机拍照相关细菌染色结果，彩色打印出来贴在实验报告上，注明放大倍数及所观察细胞名称及染色结果）。

（2）简述两株细菌的染色结果（说明各菌的形状、颜色和革兰氏染色反应），并填写表1。

表1　菌体形态特征及染色过程

菌种名称	放大倍数	菌体形态特征	染色结果	图片
	物镜＿＿＿＿×　目镜＿＿＿＿			
	物镜＿＿＿＿×　目镜＿＿＿＿			
	物镜＿＿＿＿×　目镜＿＿＿＿			
	物镜＿＿＿＿×　目镜＿＿＿＿			
	物镜＿＿＿＿×　目镜＿＿＿＿			
	物镜＿＿＿＿×　目镜＿＿＿＿			
	物镜＿＿＿＿×　目镜＿＿＿＿			
	物镜＿＿＿＿×　目镜＿＿＿＿			
	物镜＿＿＿＿×　目镜＿＿＿＿			

六、心得体会

七、思考题

（1）制片为什么要完全干燥后才能用油镜观察？

（2）使用油镜时应注意什么？

（3）为什么说严格掌握酒精脱色程度是革兰氏染色操作的关键？

（4）当你对一株未知菌进行革兰氏染色时，怎样才能证明你的染色技术操作正确，结果可靠？

（5）试分析出现假阴性或假阳性染色结果的原因。

八、附图

细菌染色结果见图2。

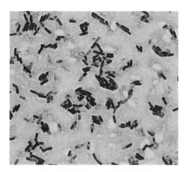 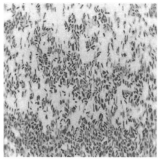 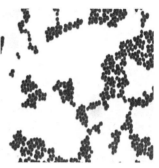

芽孢杆菌革兰氏染色结果　　　　大肠杆菌革兰氏染色结果　　　　葡萄球菌革兰氏染色结果
（10×100倍）　　　　　　　　（10×40倍）　　　　　　　　（10×100倍）

图 2　细菌染色结果

实验五　细菌细胞大小的测定

一、实验目的

（1）了解目镜测微尺与镜台测微尺的构造与使用原理。

（2）掌握微生物细胞大小的测定方法。

二、实验原理

微生物细胞的大小是其重要的形态特征之一，需在显微镜下利用测微尺进行测量的。显微镜测微尺有镜台测微尺和目镜测微尺两个部件。目镜测微尺是用于测量细胞大小的，它是一块圆形玻片，其中有精确的等分刻度，在 5mm 刻尺上分 50 等分或 100 等分的小格。使用时通常放在目镜的隔板上，所以，通过它测得的大小通常是标本放大以后像的大小，由于不同的显微镜或同一显微镜的不同物镜或目镜，放大倍数不同，即目镜测微尺每小格代表的实际长度随显微镜放大倍数的不同而异，目镜测微尺测得的大小不能代表标本的实际大小。因此，使用前需用镜台测微尺校正，求得在一定放大倍数时目镜测微尺每格代表的实际长度。镜台测微尺是中央刻有精确等分线的载玻片。一般将 1mm 等分为 100 格（或 2mm 等分为 200 格），每格等于 0.01mm（10μm），由于使用时是放在载物台上，所以镜台测微尺每格的长度能代表物体的实际长度，专门用于校正目镜测微尺每格长度的。

三、仪器与试剂

（1）仪器：显微镜、目镜测微尺、镜台测微尺、擦镜纸。

（2）试剂：大肠杆菌、苏云金芽孢杆菌染色玻片标本、香柏油、二甲苯。

四、实验步骤

1. 校正目镜测微尺

取出目镜，把目镜的上透镜旋开，将目镜测微尺放在目镜筒内的隔板上，刻度朝下，旋上目镜，插入镜筒。将镜台测微尺放在载物台上，使有刻度的一面朝上并对准聚光器。先用低倍镜观察（因为线是透明的，先关光圈，调节反光镜调节亮度），调焦距，待看清镜台测微尺的刻度后，转动目镜，使目镜测微尺的刻度与镜台测微尺的刻度平行，移动推动器，使目镜测微尺与镜台测微尺的某一条刻度线重合。然后于另一端找另一条重合线，计数两对重合线之间目镜测微尺和镜台测微尺各自的格数（图 1~图 4）。通过如下公式算出目镜测微尺每小格代表的实际长度。

$$目镜测微尺每格长度（μm）= \frac{两重合线间镜台测微尺格数}{两重合线间目镜测微尺格数} \times 10$$

用同样的方法分别测出在高倍镜和油镜下目镜测微尺每格代表的长度。

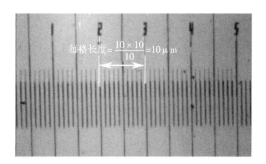

$$每格长度 = \frac{10 \times 10}{10} = 10 \mu m$$

图 1 物镜 10× 下校正

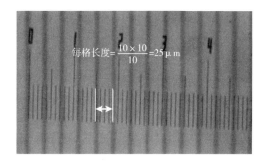

$$每格长度 = \frac{10 \times 10}{10} = 25 \mu m$$

图 2 物镜 40× 下校正

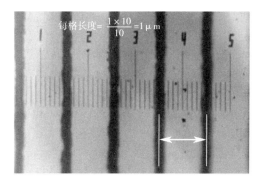

$$每格长度 = \frac{1 \times 10}{10} = 1 \mu m$$

图 3 物镜 100× 下校正

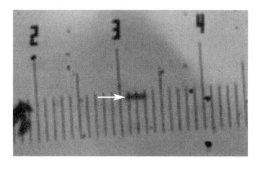

图 4 菌体长度测定

2. 菌体大小的测定

目镜测微尺校正后移去镜台测微尺，换上待测菌标本片，先在低倍镜和高倍镜下找到目的物，然后在油镜下用目镜测微尺测量每个菌体长与宽各占几格。将测得的格数乘以目镜测微尺每小格的长度即可求得菌体的大小。一般在同一涂片上测 10~20 个菌体，求出平均值，才能代表该菌的大小。

五、实验报告

（1）将测得的微生物大小值记录于表 1、表 2。

表 1　目镜测微尺校正结果

放大倍数	目镜测微尺格数	镜台测微尺格数	目镜测微尺每格代表的长度/μm
低倍镜（　　）			
高倍镜（　　）			
油镜（　　）			

表 2　微生物大小值（油镜下测定大小，球菌只需测定直径）

菌体编号	长/μm		宽/μm	
	目镜测微尺格数 （保留一位有效数字）	菌体长度 （保留两位有效数字）	目镜测微尺格数 （保留一位有效数字）	菌体宽度 （保留两位有效数字）
1				
2				
3				
4				
5				
6				
7				
8				
9				
10				
平均				
菌体大小	平均长度（μm）×平均宽度（μm）表示			

（2）试验结果拍照保留。

六、心得体会

七、思考题

（1）若目镜不变，目镜测微尺也不变，只改变物镜时，目镜测微尺每格所量物体的实际长度是否相同？为什么？

（2）为什么更换不同放大倍数的目镜和物镜时必须重新用镜台测微尺对目镜测微尺进行标定？

八、附图

镜台测微尺和目镜测微尺见图5、图6。

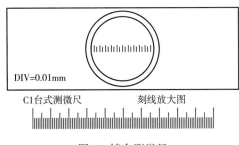

图5　镜台测微尺

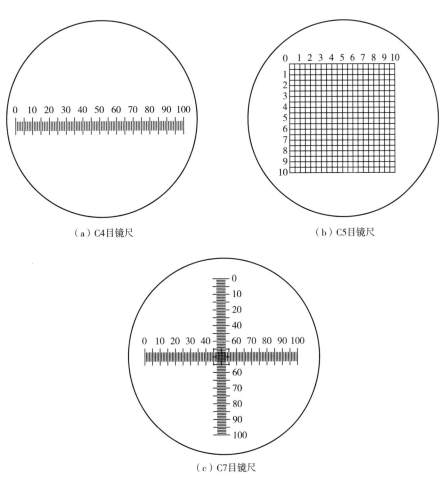

（a）C4目镜尺　　　　　　　　　　（b）C5目镜尺

（c）C7目镜尺

图6　目镜测微尺

实验六　显微镜直接计数法

一、实验目的

（1）了解血球计数板的构造、计数原理与方法。

（2）掌握显微镜下直接计数的技能。

（3）学习区别死活酵母的方法。

二、实验原理

测定微生物数量的方法很多，通常采用的有显微镜直接计数法（不能区分死菌与活菌）和平板计数法（又称为活菌计数法）。

显微镜计数法适用于各种含单细胞菌体的纯培养悬浮液，如有杂菌或杂质常不易分辨。菌体较大的酵母菌或霉菌孢子可采用血球计数板；一般细菌则采用彼得罗夫·霍泽（Petroff Hausser）细菌计数板。由于盖上盖玻片后计数室的容积是一定的，因而可根据在显微镜下观察到的微生物数目换算成单位体积内的微生物数目。此法的优点是直观、快速。两种计数板的原理和部件相同，只是细菌计数板较薄，可以使用油镜观察，而血球计数板较厚，不能使用油镜，故细菌不易看清。

血球计数板是一块特制的厚载玻片，载玻片上由四条槽而构成三个平台。中间的平台较宽，其中又被一条横槽分割成两半，每个半边上面有一个方格网（图1）。

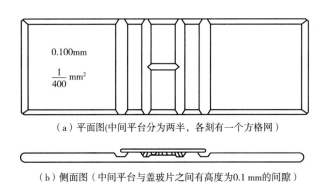

（a）平面图(中间平台分为两半，各刻有一个方格网)

（b）侧面图（中间平台与盖玻片之间有高度为0.1 mm的间隙）

图1　血球计数板的构造

每个方格网共分9大格，其中间的一大格（又称计数室）常被用作微生物的计数。常见的血球计数板有两种规格，一种是16×25型，称为麦氏血球计数板，共有16个中方格，而每个中方格又分成25个小方格；另一种是25×16型，称为西里格式血球计数板，共有25个中方格，而每个中方格又分成16个小方格。但是不管哪种规格的血球计数板，其计数室的每个大方格由400个小格组成（图2）。每个大方格边长为1mm，则每一个大方格的面积为$1mm^2$，每格小方格的面积为$1/400mm^2$，盖上盖玻片厚，盖玻片与计数室底部之间的高0.1mm，所以每格计数室

（大方格）的体积为 0.1mm³，每格小方格的体积为 1/4000mm³。

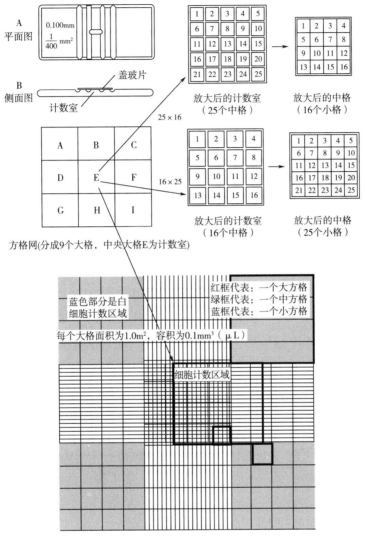

图 2 血球计数板计数网的分区和分格（E 为计数室）

（红色代表一个大方格面积为 1mm²，绿色代表一个中方格，蓝色代表一个小方格）

使用血球计数板直接计数时，通常数五个中方格的总菌数，然后求的每个中方格的平均值，再乘以 16 或 25 就得到一个大方格的均数，最后再换算成一毫升菌液中的菌数。

以西里格式血球计数板为例，若 A 为五个中方格中的总菌数，B 为稀释倍数，计数室有 25 个中方格，则一个大方格中的菌数为 $A{\times}25{\times}B/5$，所以：

1mL 菌液中的菌数 $=A{\times}25{\times}10{\times}1000{\times}B/5=50000AB$（cell）

美蓝是一种弱氧化剂，氧化态呈蓝色，还原态呈无色。用美蓝对酵母细胞进行染色时，活细胞由于细胞的新陈代谢作用，细胞内具有较强的还原力，能将美蓝由蓝色的氧化态转变成无色的还原态，从而细胞无色；而死细胞或者代谢作用弱的衰老细胞则由于细胞内还原力较弱而不具备这种能力，从而细胞呈现蓝色，据此可对酵母菌的细胞死活进行鉴别。

三、仪器与试剂

（1）菌种：酵母菌液或者霉菌孢子悬液。

（2）仪器耗材：显微镜、血球计数板、盖玻片、灭菌三角瓶、试管、移液管、滴管、吸水纸、擦镜纸等。

（3）试剂：无菌水或无菌去离子水、0.05%吕氏碱性美蓝染液、95%乙醇。

四、实验步骤

（1）镜检计数室。加样前，先对计数板的计数室进行镜检（因为计数室线是透明的，先关光圈，调节反光镜调节亮度）。若有污物，可用沾有95%乙醇的脱脂棉球轻轻擦洗，再用擦镜纸擦干方能加样计数。

（2）稀释。取斜面少量菌体至10mL无菌水中，稀释混匀后待用。以每小格的菌数可数为度，若菌量不多则不必稀释。

（3）加样品。将清洁干燥的血球计数板盖上盖玻片，在用无菌的滴管将稀释好的酵母菌液由盖玻片边缘滴一小滴（混匀后的酵母-美蓝菌悬液，不宜过多），让菌液沿缝隙靠细渗透作用进入计数室，一般计数室能充满液体（注意不可有气泡），并用吸水纸吸取沟槽中流出的多余菌液。

（4）显微计数。静置3~5min后，将血球计数板置于显微镜载物台上，先用低倍镜（10×）找到计数室所在位置（因为计数室线是透明的，先关光圈，调节反光镜调节亮度），然后换成高倍镜（40×）进行计数，调节光亮度至菌体和计数室线条清晰为止，再将计数室一角的小格移至视野中央。顺着大方格线移动计数板，使计数室位于视野中央。在计数前若发现菌液太浓或太稀，需要重新调节稀释倍数后再计数。一般样品稀释度要求每小格内有5~10个菌体为宜。

每个计数室选中5个中格（可选四个角和中央的中格）中的菌体进行计数。计数时，如用25×16的计数板，则取左上、左下、右上、右下4个中格外，还需要加中央的一个中格（共5中格，即80小格内的细胞）；如用16×25则计数板则按对角线方位，取左上、左下、右上、右下4个中格（共4个中格，100小格）内的细胞逐一进行计数。位于格线上的菌体一般只数上方和右边线上的，即"记上不计下，计左不计右"（图3）。如遇酵母菌出芽，芽体大小达到酵母菌的一半时，即作两个菌体计数。

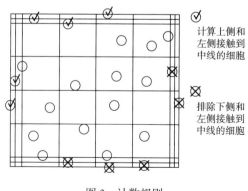

图3　计数规则

根据细胞颜色区分死细胞（蓝色）和活细胞（无色），并进行记录。对每个样品重复计数三次，取其平均值，若相差太大，则须重新计数。按公式计算每毫升菌液中所含的微生物细胞数。

（5）比较。染色约 30min 后再次进行观察，注意死细胞数量是否增加。

（6）清洗血球计数板。血球计数板用后，在水龙头下用水柱冲洗净，切勿用硬物洗刷或摩擦，以免损坏网格刻度线。洗净后自行晾干，或者用滤纸沾干。最后用擦镜纸擦干净。若计数是病原微生物，则须先浸泡在 5% 的石碳酸溶液中进行消毒。

五、实验报告

（1）将实验结果填入表 1（对计数的 5 个中格进行拍照并彩色打印）。

表 1　实验结果

观察材料_____培养温度_____培养时间_____

计数次数		各中方格内菌数					5 个中方格中的总菌数-A	菌液稀释倍数-B	1mL 菌液中的微生物数量/CFU			占比/%	
		1	2	3	4	5			活菌	死菌	总菌	活菌	死菌
第一次	活菌												
	死菌												
	总菌												
第二次	活菌							注明计算公式及计算过程					
	死菌												
	总菌												
第三次	活菌												
	死菌												
	总菌												

（2）图示美蓝染色结果（对计数中格染色结果进行拍照）。

六、心得体会

七、思考题

（1）能否用血球计数板在油镜下进行计数？为什么？

（2）根据实验体会，说明用血球计数板的误差主要来自哪些方面？如何尽量减少误差，力求准确？

（3）用美蓝染色法对酵母细胞进行死活鉴别时，为什么要控制染色液的浓度和染色时间？

（4）实验后，如何清洗血球计数板？

（5）如果计数室内的细胞数量过多，难以数清，应采取什么措施？

八、附图

显微镜下计数结果见图4。

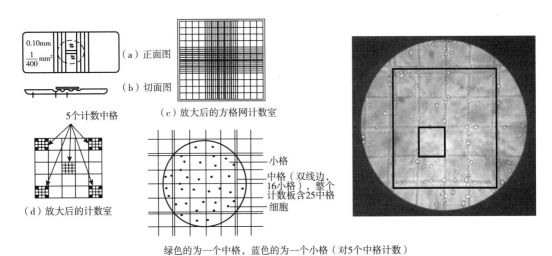

图4　显微镜下计数结果

实验七 霉菌形态观察

一、实验目的

（1）学会用肉眼观察霉菌菌落的特征。
（2）掌握观察霉菌形态的基本方法。
（3）观察并描述霉菌菌丝的形态特征。

二、实验原理

霉菌是一些"丝状真菌"的统称，不是分类学上的名词。它在自然界分布相当广泛，与人们日常生活和生产关系十分密切。霉菌菌体由分支或不分支的菌丝构成，许多菌丝交织在一起，称为菌丝体。霉菌菌丝有两类：一类是无隔膜菌丝，整个菌丝就是一个长管状的单细胞，其中含有多个细胞核；另一类是有隔膜菌丝，菌丝由横隔分隔成成串多细胞，每个细胞内含有一个或多个细胞核。在固体培养基上，部分菌丝伸入培养基内吸收养料，称为营养菌丝；另一部分则向空气中生长，称为气生菌丝，有的气生菌丝生长到一定阶段，分化成繁殖菌丝。

霉菌菌丝呈分枝状生长，形成的菌落以扩散方式向四周蔓延，菌落比细菌菌落大几倍到几十倍。菌丝较粗长，形成的菌落较疏松，呈绒毛状、棉絮状或毡状。霉菌菌丝容易收缩变形，且孢子很容易分散，这给霉菌制片带来了不便，不能像细菌细胞一样采用涂片法，而是采用水浸片法。即常用乳酸石碳酸棉蓝染色液制片，使细胞不易干燥，不易变形，同时有染色、杀菌防腐的作用，使标本能保持较长时间。为了得到清晰、完整、保持自然状态的霉菌形态，可利用玻璃纸透析培养法将霉菌培养在覆盖玻璃纸的培养基上，然后将长菌的玻璃纸揭下并剪取小片，贴在载玻片上用显微镜观察。

三、仪器与试剂

（1）仪器：显微镜、载玻片、酒精灯、火柴、接种环。
（2）试剂：青霉、曲霉培养物、乳酸石碳酸棉蓝染色液、吸水纸、擦镜纸、无菌水。

四、实验步骤

菌落特征观察→水浸片法观察菌体形态→显微镜观察→绘图、手机拍照→打分。

1. 培养特征观察——观察霉菌菌落形态特征

固体培养基上特征：霉菌菌落由分枝状菌丝构成，有基内菌丝和气生菌丝之分，与培养基结合紧密，不易挑起。菌落干燥，大而疏松，霉菌形成的孢子有不同形状、构造和色素，菌落表面常呈现不同的色泽特点，有的分泌水溶性色素使得菌落背面也呈现一定颜色。主要采取以下特征进行描述：

（1）菌落大小：分局限生长和蔓延生长，用格尺测量菌落的直径和高度。
（2）菌落颜色：表面和反面的颜色，基质的颜色变化（有无分泌水溶性色素）。

（3）菌落的组织形状：分棉絮状、蜘蛛网状、绒毛状、地毯状等。

（4）菌落的表面形状：分同心轮纹、放射状、疏松或紧密的菌丝、有无水滴等。

液体培养时特征：如果是静止培养，菌丝往往在液体表面生长，液面上形成菌膜；如果是振荡培养，菌丝可互相缠绕在一起形成菌丝球，也可形成絮片状（图1）。

图1　霉菌液体临床培养特征

2. 菌体形态观察

制片观察　在干净载玻片的中央滴加1小滴乳酸石碳酸棉蓝染色液，用解剖针或接种环从菌落的边缘挑取少量带有孢子的霉菌菌丝置于其中，仔细地将菌丝挑开，盖上盖片，注意避免产生气泡。先用低倍镜观察，再换高倍镜观察。

五、实验报告

（1）描述所观察平板上霉菌菌落特征，并拍照。

（2）用铅笔绘图青霉、曲霉的分生孢子梗以及分生孢子，并注明各部分名称。

（3）实验报告附上菌落特征及分生孢子梗以及分生孢子彩色照片（表1）。

表1　实验报告

菌种名称	放大倍数	菌落/菌体形态特征	图片
_____菌落			
_____菌丝体	物镜_____×目镜_____		
	物镜_____×目镜_____		

六、心得体会

七、思考题

（1）为什么使用乳酸石炭酸棉兰溶液作为水浸片法的溶剂？

（2）霉菌菌丝结构的基本特征？

八、附图

细菌与霉菌的菌落形态及对比见图 2。

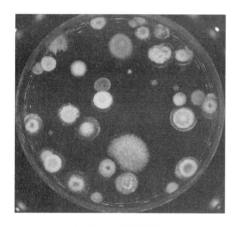

（a）霉菌的菌落形态

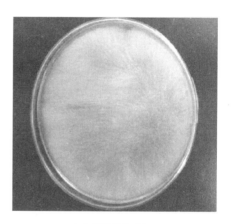

（b）根霉菌落形态

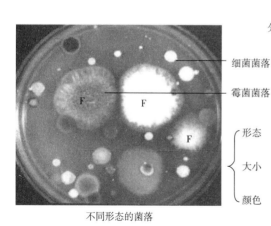

（c）细菌与真菌菌落对比

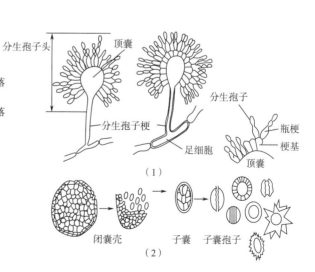

（d）曲霉一般形态结构

图 2

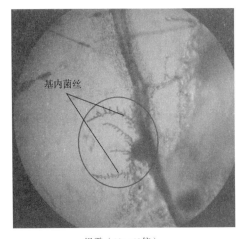

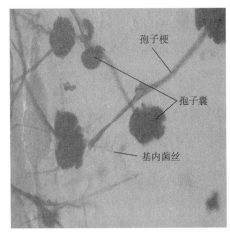

根霉（10×40倍）　　　　　　　　根霉（10×40倍）

（e）根霉

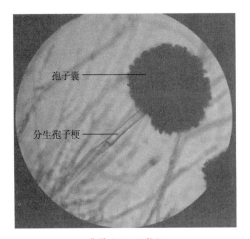

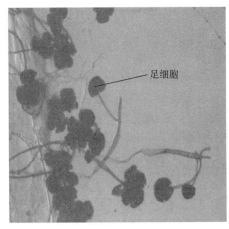

曲霉（10×40倍）　　　　　　　　根霉（10×40倍）

（f）曲霉

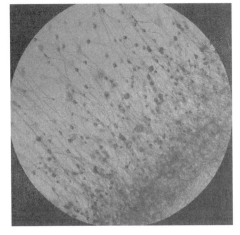

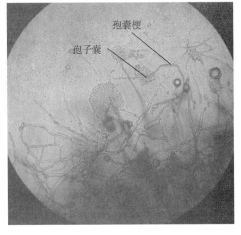

毛霉（10×10倍）　　　　　　　　毛霉（10×40倍）

（g）毛霉

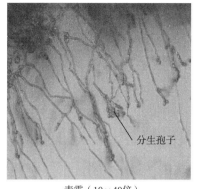

青霉（10×40倍）

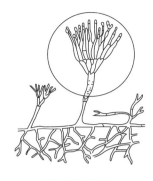

（i）青霉的结构

（h）青霉

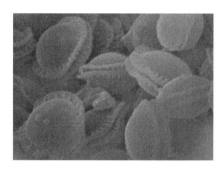

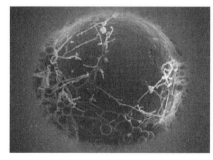

（j）米曲霉

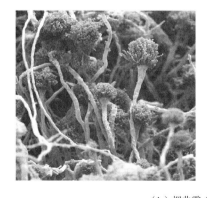

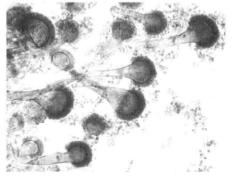

（k）烟曲霉（左：电镜，右：光学显微镜）

图 2　菌落形态

实验八 微生物的分离纯化

一、实验目的

（1）掌握从土壤中分离、纯化微生物的原理与方法。

（2）复习培养基的配制、微生物的接种、移植和培养的基本技术，掌握无菌操作技术。

（3）了解细菌和霉菌的适宜培养条件。

二、实验原理

在土壤、水、空气或人及动、植物体中，不同种类的微生物绝大多数都是混杂生活在一起，当我们希望获得某一种微生物时，就必须从混杂的微生物类群中分离它，以得到只含有这一种微生物的纯培养，这种获得纯培养的方法称为微生物的分离与纯化。

为了获得某种微生物的纯培养，一般是根据该微生物对营养、酸碱度、氧气等条件要求不同，而供给它适宜的培养条件，或加入某种抑制剂造成只利于此菌生长，而抑制其他菌生长的的环境，从而淘汰其他一些不需要的微生物，再用稀释涂布平板法、稀释混合平板法或平板划线分离法等分离、纯化该微生物，直至得到纯菌株。

土壤是微生物生活的大本营，在土壤里生活的微生物无论是数量和种类都是极其多样的，因此，土壤是我们开发利用微生物资源的重要基地，可以从其中分离、纯化到许多有用的菌株。

三、仪器与试剂

（1）仪器耗材：试管、三角瓶、烧杯、量筒、电子天平、精密 pH 试纸、培养皿、高压蒸汽灭菌锅、移液枪、枪头、接种环、酒精灯等。

（2）试剂：无菌水、牛肉膏、蛋白胨、葡萄糖、氯化钠、马铃薯、琼脂、土样等。

四、实验步骤

（1）土样采集：取 10cm 左右深层土壤 10g 备用。

（2）制备土壤稀释液：称取土壤 1g，放入有 99mL 无菌水的三角瓶中，振荡均匀，即为稀释 10^{-2} 的土壤悬液。然后进行 10 倍梯度稀释，依次制备 10^{-3}、10^{-4}、10^{-5}、10^{-6}、10^{-7} 稀释梯度的土壤稀释液。

（3）培养基平板的制备：按培养基配方配置牛肉膏蛋白胨琼脂培养基（牛肉膏 3.0g，蛋白胨 10.0g，NaCl 5.0g，琼脂 15~20g，水 1000mL，pH 7.4~7.6）和马铃薯葡萄糖培养基 [马铃薯 200g（马铃薯去皮，切成块加水，煮沸 30min，注意火力的控制，可适当补水，用纱布过滤），蔗糖 20g，自来水 1000mL，琼脂 15~20g，pH 自然]，灭菌后分别到 9 个平板。

（4）接种：用无菌吸管吸取 0.1mL 相应浓度土壤稀释液，以无菌操作技术接种在平板上，涂布均匀。细菌选用 10^{-4}、10^{-5}、10^{-6} 三个稀释梯度接种于牛肉膏蛋白胨琼脂培养基（1 个稀释度 3 个平板）。

（5）培养：细菌平板于 37℃ 恒温培养 1~2d，霉菌 28℃ 恒温培养 3~5d，观察。

（6）报告细菌总数。

（7）纯化：挑取典型菌落接种于相应平板，培养条件同上，培养纯化。

五、实验报告

将用涂布从样品细菌中分离得到的细菌或霉菌总数填入表 1。

表 1   平板稀释法计数结果

分离菌种	细菌			霉菌		
稀释度	10^{-4}	10^{-5}	10^{-6}	10^{-4}	10^{-5}	10^{-6}
平皿 1						
平皿 2						
平皿 3						
平均值						
菌落总数						

六、心得体会

七、思考题

（1）说明在微生物分离纯化操作中，应该特别注意的问题。

（2）在恒温培养箱中，为什么要对培养基皿倒置放置？

八、附图

稀释涂布平板法、样品稀释和稀释液取样见图1、图2。

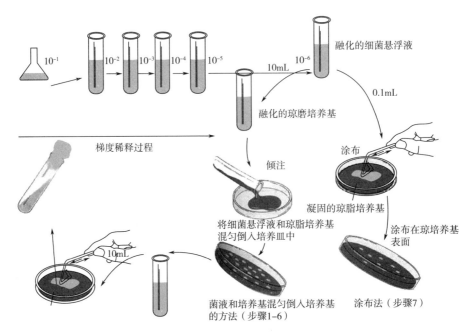

图1 稀释涂布平板法操作流程

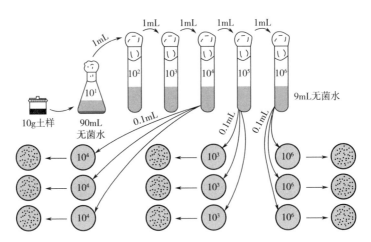

图2 土壤样品的稀释和稀释液的取样培养流程示意图

实验九 食品中大肠菌群的测定

一、实验目的

（1）了解大肠菌群在食品卫生检验中的意义。

（2）学习并掌握大肠菌群的检验原理和方法，以判别食品的卫生质量。

二、实验原理

大肠菌群指一群能在37℃经24h能发酵乳糖，产生气体，需氧和兼性厌氧的革兰氏阴性无芽孢杆菌。该菌主要来源于人畜粪便，故以此作为粪便污染指标来评价食品的卫生质量，具有广泛的卫生学意义。它反映了食品是否被粪便污染，同时指出食品是否有肠道致病菌污染的可能。大肠菌群测定有3个步骤：

（1）初发酵乳糖，产气、产酸发酵实验。

（2）初发酵阳性管通过伊红美蓝平板（EMB）进行分离。

（3）复发酵对分离菌做证实实验。在复发酵时，会把典型菌落接种在伊红美蓝培养基上，大肠菌群细菌分解乳糖产酸，使伊红和美蓝结合成黑色物质，故菌落呈黑色，还有金属光泽。大肠菌群可产生 β-半乳糖苷酶，分解培养基中的酶底物-茜素-β-D半乳糖苷（以下简称 Aliz-gal），使茜素游离并与固体培养基中的铝、钾、铁、铵离子结合形成紫色（或红色）的螯合物，使菌落呈现相应的颜色。

食品中大肠菌群数系以100g（mL）检样内大肠菌群最可能数（MPN）表示。最可能数（most probable number，简称MPN）法是一种将样品"多次（管）稀释至无菌"的计数方法。将3个稀释梯度的检样稀释液接种于9支或15支试管培养基中，每个稀释度接种3支或5支。经培养后，根据结果查阅MPN检索表（表2），就可得到原样品中微生物的估计数量。MPN测定方法尤其适用于带菌量极少、其他方法不能检测的食品，如水、乳制品及其他食品中大肠菌群的计数。

三、仪器与试剂

（1）仪器耗材：恒温箱、恒温水浴锅、药物天平、无菌培养皿、无菌吸管（1mL、10mL）、无菌不锈钢勺、无菌称量纸、质均器、载玻片等。

（2）试剂：乳糖胆盐发酵管（单料或双料。乳糖胆盐发酵培养基中乳糖提供碳元素，胆盐主要作用是抑制其他杂菌，特别是革兰氏阳性菌的生长，蛋白胨提供氮元素）、乳糖发酵管、伊红美蓝琼脂干粉（EMB）、革兰氏染色液、无菌去离子水（9mL/试管，255mL/250mL三角瓶，内含有适量玻璃珠）、75%酒精棉球等。

注：1瓶225mL灭菌去离子水/组，10管9mL灭菌去离子水（试管）/组，10管9mL灭菌乳糖胆盐发酵管（杜氏小管）/组，10个伊红美蓝琼脂（EMB琼脂）平板，1包牛奶或矿泉水/组。

四、实验步骤

1. 检样稀释

以无菌操作将检样25g（mL）接种在装有225mL灭菌去离子水或其他稀释液的灭菌玻璃瓶内，充分混合，制成1∶10的均匀稀释液。用1mL灭菌吸管将稀释液注入含有9mL灭菌去离子水或其他稀释液的灭菌试管内，混匀，制成1∶100、1∶1000均匀稀释液为检样。同一稀释梯度接种3个乳糖胆盐发酵管。

2. 初发酵（乳糖胆盐发酵试验，通常说的假定试验，目的在于检查样品中有无发酵产气的细菌）

根据食品卫生要求或对待检测样污染程度进行估计，选择3个稀释梯度，每个稀释度接种3管乳糖胆盐发酵管。接种量在1mL以上者用双料乳糖胆盐发酵管，1mL及1mL以下者用单料乳糖胆盐发酵管，同时用大肠埃希氏菌和产气肠杆菌混合接种于1支单料乳糖胆盐发酵管对照。置于（24±2）h，（36±1）℃条件培养，如果所有发酵管都不产气，则可以报告为大肠菌群为阴性；如果有产气的试管，则与对照的混合菌种一起按以下步骤进行操作。

3. 分离培养

将产气发酵试管分别在伊红美蓝琼脂（EMB琼脂）平板上划线分离，然后（24±2）h，（36±1）℃，观察菌落的形态，并做革兰氏染色和证实实验。

4. 证实实验（复发酵）

上述平板上挑去可疑大肠菌落1~2个进行革兰氏染色，同时接种乳糖发酵管（24±2）h，（36±1）℃培养，观察产气情况，凡乳糖发酵管产气、革兰氏染色为阴性的无芽孢杆菌，即可报告菌群阳性。

5. 报告

据证实为大肠菌群阳性的管数，查MPN检索表，报告每100g（mL）食品中大肠菌群的最可能数。

6. 试验流程

试验流程见图1。

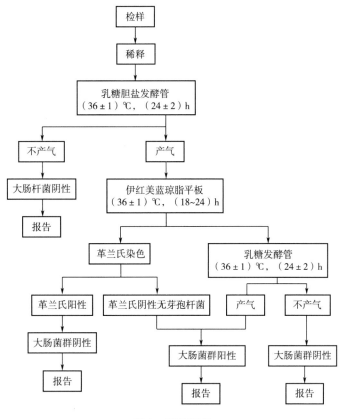

图 1　试验流程

五、实验报告

食品中大肠菌群的测定结果填入表 1。

表 1　食品中大肠菌群的测定结果

稀释度	管号	发酵反应结果	有无典型菌落	革兰氏染色结果	反应结论（+或−）
	1				
1∶10	2				
	3				
	1				
1∶100	2				
	3				
	1				
1∶1000	2				
	3				

注　填写发酵结果应以以下符号表示："−"表示既不产气也不产酸，培养基为紫色；"+"表示产气而不产酸，培养基变黄色；"○"表示产气产酸，培养基变黄，并有气泡。

六、心得体会

七、思考题

（1）实验中为什么要首先用乳糖胆盐发酵管？

（2）做空白对照实验目的？

八、附图

大肠杆菌在伊红美蓝乳糖琼脂（EMB）菌落形态见图2。MPN检查表见表2。

图2　大肠杆菌在伊红美蓝乳糖琼脂（EMB）菌落形态

表2　MPN检索表

阳性管数			MPN	95%可信限	
1mL（g）×3	0.1mL（g）×3	0.01mL（g）×3	100mL（g）	下限	上限
0	0	0	30	<5	90
0	0	1	30		
0	0	2	60		
0	0	3	90		
0	1	0	30	<5	130
0	1	1	60		
0	1	2	90		
0	1	3	120		

续表

阳性管数			MPN	95%可信限	
1mL（g）×3	0.1mL（g）×3	0.01mL（g）×3	100mL（g）	下限	上限
0	2	0	60		
0	2	1	90		
0	2	2	120		
0	2	3	160		
0	3	0	90		
0	3	1	130		
0	3	2	160		
0	3	3	190		
1	0	0	40	<5	200
1	0	1	70	10	210
1	0	2	110		
1	0	3	150		
1	1	0	70	10	230
1	1	1	110	30	360
1	1	2	150		
1	1	3	190		
1	2	0	110	30	360
1	2	1	150		
1	2	2	200		
1	2	3	240		
1	3	0	160		
1	3	1	200		
1	3	2	240		
1	3	3	290		
2	0	0	90	30	360
2	0	1	140	70	370
2	0	2	200		
2	0	3	260		
2	1	0	150	30	440
2	1	1	200	70	890
2	1	2	270		
2	1	3	340		
2	2	0	210	40	470
2	2	1	280	100	1500
2	2	2	350		
2	2	3	420		

续表

阳性管数			MPN	95%可信限	
1mL（g）×3	0.1mL（g）×3	0.01mL（g）×3	100mL（g）	下限	上限
2	3	0	290		
2	3	1	360		
2	3	2	440		
2	3	3	530		
3	0	0	230	40	1200
3	0	1	390	70	1300
3	0	2	640	150	3800
3	0	3	950		
3	1	0	480	70	2100
3	1	1	750	140	2300
3	1	2	1200	300	3800
3	1	3	1600		
3	2	0	930	150	3800
3	2	1	1500	300	4400
3	2	2	2100	350	4700
3	2	3	2900		
3	3	0	2400	360	13000
3	3	1	4600	710	24000
3	3	2	11000	1500	48000
3	3	3	24000		

注　1. 本表采用3个稀释度［1mL（g）、0.1mL（g）、0.01mL（g）］，每稀释度3管。

　　2. 表内所列检样量如改用［10mL（g）、1mL（g）、0.1mL（g）］，表内数字应相应降低10倍；如改用［0.1mL（g）、0.01mL（g）、0.001mL（g）］时，则表内数字应相应增10倍，其余类推。

实验十　食品生产环境的微生物检测

一、实验目的

（1）了解食品生产车间空气、操作人员手部、与食品有直接接触面的机械设备的微生物检测的意义。

（2）掌握食品生产环境中空气和工作台微生物数量的检测方法。

二、实验原理

在食品卫生环境中，必须保证洁净环境，才能防止和减少来自食品接触面的微生物的污染。食品接触面又分为人员手、设备、器具等食品直接接触，其表面存在有微生物，为更好控制微生物生长繁殖，以菌落总数和大肠菌群为主要检测指标，检测结果应基本呈阴性，从而保证食品生产环境卫生，保证食品安全。

三、仪器与试剂

（1）仪器耗材：培养箱、酒精灯、放大镜、棉签、剪刀、标签纸、记号笔。

（2）试剂：牛肉膏蛋白胨培养基、去离子水。

四、实验步骤

1. 空气的采样与测试方法：自然沉降法、空气微生物采样器

（1）取样频率：

①车间转换不同卫生要求的产品时，在加工前进行采样，以便了解车间卫生情况。

②全厂统一放长假后，车间生产前进行采样。

③产品检验结果超内控标准时，应及时对车间进行采样，如有检验不合格点，整改后再进行采样检验。

④实验性新产品，按客户规定频率采样检查。

⑤正常生产状态的采样，每周一次。

（2）采样方法：在动态下进行，室内面积不超过 $30m^2$，在对角线上设里、中、外三点，里、外点位置距墙1m；室内面积不超过 $30m^2$，设东、西、南、北五点，周围4点距离墙1m。采样时，将含平板计数琼脂培养基的平板（直径9cm）置采样点（约桌面高度），并避开空调、门窗等空气流通处，打开平皿盖，使平板在空气中暴露5min。采样后必须尽快对样品进行相应指标的检测，送检时间不得超过6h，若样品保存于 $0\sim4℃$ 条件时，送检时间不超过24h。

（3）检测方法：

①在采样前将准备好的平板计数琼脂培养基平板置于 $(37+1)℃$ 培养24h，取出检查有无污染，将污染培养基剔除。

②将已采集样品的培养基在 6h 内送实验室，细菌总数于（37+1）℃培养 48h 观察结果，计数平板上细菌菌落数。

③菌落计算：记录平均菌落数，用"CFU/皿"来报告结果。用肉眼直接计数，标记或在菌落计数器上点计，然后用 5~10 倍放大镜检查，不可遗漏；若培养皿上有 2 个或 2 个以上的菌落重叠，可分辨时仍以 2 个或 2 个以上菌落计数。

2. 工作台（机器器具）表面与工人手表面采样与测试方法

（1）样品采集：

①车间转换不同卫生要求的产品时，在加工前进行采样，以便了解车间卫生情况。

②全厂统一放长假后，车间生产前，进行采样。

③成品检查结果超内控标准时，应及时对车间进行采样，如有检验不合格点，整改后再进行采样检验。

④实验性新成品，按客户规定频率采样检验。

⑤正常生产状态的采样，每周一次。

（2）采样方法：

①工作台（机械器具）：用浸有灭菌去离子水的棉签在被检物体表面（取与食品直接接触或有一定影响的表面）取 $25cm^2$ 的面积，在其内涂抹 10 次，然后剪去手接触部分棉棒，将棉签放入含 10mL 灭菌去离子水的采样管内送检。

②工人手：被检人五指并拢，用浸泡去离子水的棉签在右手指曲面，从指尖到指端来回涂抹 10 次，然后剪去手接触部分棉花棒，将棉签放入含 10mL 灭菌去离子水的采样管内送检。

（3）采样注意事项：擦拭时棉签要随时转动，保证擦拭的准确性。对每个擦拭点应详细记录所在分场的具体位置、擦拭时间及所擦拭环节的消毒时间。

（4）测试方法：

①以无菌操作，选择 1~2 个稀释度各取 1mL 样液分别注入无菌平皿内，每个稀释度做两个平皿（平行样），将已融化冷至 45℃左右的平板计数琼脂培养基倾入平皿，每皿约 15mL，充分混合。

②待琼脂凝固后，将平皿翻转，置（36±1）℃培养 4h 后计数。

③结果报告：报告每 $25cm^2$ 食品接触面中或每只手的菌落数。

（5）计数标准：物体表面涂抹菌落总数计算方法，物体表面细菌总数（CFU/m^2）= 平皿上菌落的平均数×采样液稀释倍数/采样面积（cm^2）。

根据 GB 15979—2002《一次性卫生用品卫生标准》的标准，生产环境卫生指标：

①装配与包装车间空气中细菌菌落总数应≤2500 CFU/m^3。

②工作台表面细菌菌落总数应≤20 CFU/cm^2。

③工人手表面细菌菌落总数应≤300 CFU/只手。

五、实验报告

对食品生产环境空气、工作台和操作人员手的微生物检测进行适当记录，并报告检测结果（表1）（平板检验结果拍照保存证据）。

表 1　食品生产环境的微生物检测结果

样品	食品生产环境空气			工作台			工作人员手		
	里	中	外	25cm²	25cm²	25cm²	人员 1	人员 2	人员 3
平皿 1									
平皿 2									
平皿 3									
平均值									
菌落总数									

六、心得体会

七、思考题

为什么要对生产环境的空气和工作台进行微生物检测?

八、附图

六级空气自动采样器见图 1。

图 1　六级空气自动采样器

实验十一　酵母菌的分离纯化、鉴定及生长特性

一、实验目的

目前有关酿造过程中的细菌和霉菌的群落结构变化、群落结构与风味组分以及微生物群落与氨基酸含量的相关关系研究较多，进行大量的菌落筛选的研究相对较少。通过对酵母菌分离纯化、鉴定及生长特性进行研究，有助于生产并提高产品质量。

二、实验原理

利用酵母浸出粉胨葡萄糖培养基（YPD）对样品进行分离鉴定，并从中筛选出酵母菌；对酵母菌进行耐受特性分析。

三、材料与方法

（1）实验耗材：琼脂、葡萄糖、95%乙醇、浓盐酸、酵母浸膏、蛋白胨等。

（2）仪器：紫外可见分光光度计、显微镜、离心机、恒温培养振荡器、微生物培养箱、超净工作台。

（3）YPD培养基：酵母膏10g，蛋白胨20g，葡萄糖20g，琼脂粉20g，蒸馏水1000mL，121℃灭菌15min。

四、实验步骤

无菌条件下取1mL/g样品，加入9mL无菌水，充分摇匀，振荡5~10min，梯度稀释，选取10^{-3}、10^{-5}、10^{-7}稀释液各1mL，均匀涂布于YPD培养基，30℃培养48h，根据菌种的生长状况，选取适当的平皿，挑取单菌落，转接于另一平皿。按此法重复转接2~3次进行分离纯化，根据菌落特征及镜检确认后，挑取单菌落移入斜面，培养后备用。对分离纯化培养筛选出的菌株进行镜检，确定菌落形态。并对酵母菌的生长曲线及对乙醇、温度、酸的耐受性进行测试分析。

（1）生长曲线：采用紫外可见分光光度计测定酵母菌数量，并绘制曲线图。

（2）乙醇耐受性：分别添加0、3%、5%、7%、9%、11%乙醇至酵母菌液中，测定其吸光值。

（3）温度耐受性：取1mL酵母菌悬液接种至马铃薯液体培养基中，以3℃为增长梯度，20~41℃，共9个培养基，培养24h，测定其吸光值。

（4）酸耐受性：各取1mL菌悬液接种至马铃薯液体培养基中，调节pH值以0.5为梯度，pH值2.0~6.0，每组9个培养基，28℃培养24h，测定其吸光值。

五、结果观察

绘制酵母菌的生长曲线。

六、思考题

（1）一条典型的生长曲线包括哪几个阶段，各个时期的特点是什么？

（2）影响微生物生长的因素有哪些？

实验十二　酵母菌的固定化

一、实验目的

(1) 了解细胞固定化的原理。

(2) 掌握酵母细胞固定化实验操作。

(3) 将酶固定在不溶于水的载体上，使酶既易催化反应，又易于回收，可以重复使用。

二、实验原理

固定化酶和固定化细胞技术是利用物理或化学方法将酶或者细胞固定在一定空间的技术，包括包埋法、化学结合法（将酶分子或细胞相互结合，或将其结合到载体上）和物理吸附法固定法，细胞多采用包埋法固定化。常用的包埋载体有明胶、琼脂糖、海藻酸钠、醋酸纤维和聚丙烯酰胺等。本实验选用海藻酸钠作为载体包埋酵母菌细胞。

三、材料与方法

(1) 仪器：50mL 烧杯、200mL 烧杯、玻璃棒、量筒、酒精灯、石棉网、注射器、三角瓶、水浴锅、恒温箱。

(2) 化学材料：活化酵母菌（酵母悬液）、蒸馏水、无水 $CaCl_2$、海藻酸钠、葡萄糖。

(3) 试剂配制：0.05mol/L 的 $CaCl_2$ 溶液 150mL；海藻酸钠溶液：每 0.7g 海藻酸钠加入 10mL 水加热溶化成糊状；10% 葡萄糖溶液 150mL。

四、实验步骤

(1) 干酵母活化：1g 干酵母溶解于 10mL 蒸馏水，搅拌均匀，放置 1h，使其活化。

(2) 海藻酸钠溶液与酵母细胞混合：将溶化好的海藻酸钠溶液冷却至室温，加入已经活化的酵母细胞，用玻璃棒充分搅拌混合均匀。

(3) 固定化酵母细胞：用 20mL 注射器吸取海藻酸钠与酵母细胞混合液，在恒定的高度（建议距液面 12~15cm 处，过低凝胶珠形状不规则，过高液体容易飞溅），缓慢将混合液滴加到 $CaCl_2$ 溶液中，观察液滴在 $CaCl_2$ 溶液中形成凝胶珠的情形。将凝胶珠在 $CaCl_2$ 溶液中浸泡30min 左右。

(4) 固定化酵母细胞发酵：用 5mL 移液器吸取蒸馏水冲洗固定好的凝胶珠 2~3 次，然后加入装有 150mL 10% 葡萄糖溶液的三角瓶中，置于 25℃ 发酵 24h，观察结果。

实验开始时，凝胶球是沉在烧杯底部，24h 后，凝胶球悬浮在溶液上层，而且可以观察到凝胶珠不断产生气泡，说明固定化的酵母细胞正在利用溶液中的葡萄糖产生酒精和二氧化碳，凝胶珠内包含的二氧化碳气泡使凝胶珠悬浮于溶液上层。

五、结果观察

打开瓶盖，闻气味，观察葡萄糖溶液中的变化。

六、思考题

（1）酵母细胞活化的目的是什么？

（2）为什么凝胶珠需要在 $CaCl_2$ 溶液中浸泡一定时间？

（3）观察到的结果说明了什么问题？

（4）分析可能导致酵母细胞包埋效果不理想的原因。

实验十三　土壤中产蛋白酶微生物的分离、纯化及初步鉴定

一、实验目的

蛋白酶是催化蛋白质水解的一类酶，主要存在于动物内脏、植物茎叶、果实和微生物中，是最重要的三大工业用酶之一。蛋白酶种类的多样性和水解活性的专一性，使其在食品、皮革、洗涤剂等工业生产领域成为具有重要商业价值的工业酶。从土壤中分离筛选高产蛋白酶优良细菌菌株，并对优良菌株进行种类鉴定，旨在为蛋白酶的生产应用提供高产优良微生物菌株。

二、实验原理

采用稀释涂布的方法分离到细菌，然后利用平板透明圈法对细菌菌株产蛋白酶能力进行初步筛选，用比色法测定产酶活性强的菌株的蛋白酶活力，通过对细菌菌株形态学观察、生理生化实验，初步鉴定菌株菌种属。

三、材料与方法

（1）细菌分离培养基：牛肉膏蛋白胨培养基。

（2）蛋白酶初步筛选培养基：脱脂奶粉 3.0g、琼脂 3.0g、水 200mL。

（3）种子液培养基（g/L）：牛肉膏 3g、蛋白胨 10g、NaCl 5g、水 1000mL，pH 7.0～7.2。

（4）产酶液体培养基：脱脂奶粉 3.0g、水 100mL，70℃灭菌 1h。

（5）淀粉培养基（g/L）：蛋白胨 10g、NaCl 5g、可溶性淀粉 2g、牛肉膏 5g、琼脂 20g、水 1000mL。

（6）耐盐性实验培养基：液体牛肉膏蛋白胨培养基中分别加入 0、1、2、3、4、5、6、7、8、9g/100mL 氯化钠。

四、实验步骤

（1）细菌的分离纯化：采用梯度稀释和三区划线的方法分离。将分离纯化得到的细菌菌株分别点种到脱脂牛奶培养基平板上，每个平板点种 3 株菌株，37℃恒温培养，20h 后测量不同菌株的透明圈和菌落直径。根据透明圈与菌落直径比（HC）的大小，筛选产蛋白酶能力相对较强的菌株。

（2）蛋白酶产生菌的复筛：将初步筛选得到的产生透明圈明显的菌株在产酶液体培养基中发酵，采用比色法测定发酵液的蛋白酶活力。

（3）蛋白酶活力的测定：采用 Folin—酚试剂显色法。以每毫升发酵液在 40℃条件下，每分钟水解酪蛋白产生 1μg 酪氨酸作为 1 个酶活力单位（U）。

五、试验结果分析

六、思考题

（1）在选择平板上分离获得的蛋白酶产生菌的比例如何？结合采样地点进行分析。

（2）在选择平板上形成蛋白透明水解圈大小为什么不能作为判断菌株产蛋白酶能力的直接依据？试结合你初筛和复筛的结果进行分析。

第三部分　生物化学基础实验

实验一　薄层层析法分离氨基酸

一、实验目的

（1）掌握薄层层析法原理和操作方法。
（2）应用薄层层析法分离鉴定氨基酸。

二、实验原理

层析技术是生化中最常用的分离技术，层析技术又称色谱技术，是利用混合物中各组分的物理化学性质（分子的形状和大小、分子极性、吸附力、分子亲和力、分配系数等）的不同，使各组分以不同比例分布在固定相和流动相两相中，当流动相流过固定相时，各组分以不同的速度移动，从而达到分离的目的。层析技术的分类如下所示。

（1）按流动相的状态分类：用液体作为流动相的称为液相层析，或称液相色谱；以气体作为流动相的称为气相层析，或称气相色谱。

（2）按固定相的使用形式分类：可分为柱层析（固定相填装在玻璃或不锈钢管中构成层析柱）、纸层析、薄层层析、薄膜层析等。

（3）按分离过程所主要依据的物理化学原理分类：可分为吸附层析、分配层析、离子交换层析、分子排阻层析、亲和层析等。

薄层层析是将作为固定相的支持物均匀地铺在支持板（一般是玻璃板）上，成为薄层，把样品点到薄层上，用适宜的溶剂（流动相）展开，从而使样品各组分达到分离的层析技术。如果支持剂是吸附剂，如硅胶、氧化铝、聚酰胺等则称为薄层吸附层析；如果支持剂是纤维素、硅藻土等分配系数不同的物质则称为薄层分配层析；同理，如果支持剂是离子交换剂，则称为薄层离子交换层析；薄层若是凝胶过滤剂制成，则称为薄层凝胶层析。

薄层吸附层析是用吸附剂（如硅胶、氧化铝、聚酰胺）做固定相，以气体或液体做流动相的分离技术，当流动相流过固定相时，对吸附剂的各组分进行解吸附，各组分的解吸附力是不同的，吸附力大的组分，其解吸附力就小，反之吸附力小的组分其解吸附力大，在层析过程中当流动相不断流过固定相时，各组分在固定相上不断地进行解吸附、吸附、再解吸、再吸附的过程，不同的组分由于吸附力和解吸附力不同，移动速度也不同，经过适当的时间以后，不同组分移动的距离也不相同，而相同的组分各自形成区带，因而可达到分离的目的。本实验就是利用吸附剂对不同的氨基酸吸附力不同来分离氨基酸。硅胶是常用的吸附剂，水能与硅胶表面羟基结合而使其失去活性，经加热可被除去的水称自由水，若自由水含量达17%以上，则吸附力极低，此时，硅胶只能用于分配层析。若将硅胶在 $105 \sim 110℃$ 加热30min，吸附能力显著增强，这一过程称为活化。如果将硅胶加热到 $500℃$，硅醇基结构会变成硅氧烷结构，吸附能力显著下降。因硅胶中水分的含量对其吸附力影响较大，故使用前必须活化，减少其中的水分，增加其吸附力。

三、器材

层析缸，微量注射器（或毛细管），喷雾器，培养皿，水浴锅。

四、试剂和材料

1. 扩展剂（1000mL）

为 4 份水饱和的正丁醇和 1 份醋酸的混合物。将 20mL 正丁醇和 5mL 的冰醋酸放入分液漏斗中，与 15mL 水混合，充分振荡，静置后分层，放出下层水层。

2. 氨基酸溶液（20mL）

0.5%的赖氨酸、脯氨酸、缬氨酸、苯丙氨酸溶液及它们的混合液（各组分的溶液浓度均为 0.5%）。

3. 显色剂（500mL）

0.1%水合茚三酮正丁醇溶液。

五、操作方法

1. 铺板

称取 2.5g 硅胶和 0.25g 可溶性淀粉放入 50mL 烧杯中，加 7.5mL 去离子水，调匀，放在85℃水浴中加热或在酒精灯上加热数分钟，倒在玻璃板上，制成均匀的薄板。

2. 活化

铺好的板放在 90~110℃烘箱中烘烤 20min，加热使硅胶活化。

3. 点样

在离薄板一端 5cm 处用铅笔画一直线，在此直线上每隔一定距离做一记号作为原点（画时一定要轻，不能画破薄板），用微量注射器吸取 5~10μL 各种氨基酸分别点在 5 个原点上，分别做好点样记录。

4. 展层

将点好样的薄板放入层析缸中（注意点样的一端接近扩展剂，但原点不能低于扩展剂液面）。展层 1h 左右，展层剂前沿走到接近薄板上端时为止。取出薄板，用铅笔记下溶剂前沿界线，用吹风机热风吹干（或用烘箱烘干）。

5. 显色

用喷雾器均匀喷上显色剂，然后置烘箱中烘烤 5min（100℃）或用热风吹干即可显示层析斑点。

6. 计算 R_f 值

计算各种氨基酸的 R_f 值。R_f 值=原点到层析点中心的距离÷原点到溶剂前沿的距离。

六、实验思考题

（1）影响展层的因素有哪些？

（2）论述薄层层析法的原理？

（3）为什么铺好的硅胶要活化？

实验二　吸附层析法分离植物色素

一、实验目的

掌握吸附层析法分离色素的基本原理和操作技术。

二、实验原理

吸附层析法是利用吸附剂表面对溶液中的不同物质所具有的不同程度的吸附作用从而进行分离的方法。吸附剂与被吸附物分子之间的相互作用是由可逆的范德华力所引起的，故在一定的条件下，被吸附物可以离开吸附剂表面，这称为解吸作用。吸附层析就是通过连续的吸附和解吸附完成的。将吸附剂（固定相）填装在玻璃或不锈钢管中，构成层析柱，层析时将欲分离的样品自柱顶加入，当样品溶液全部流入吸附层析柱后，再加入溶剂冲洗，冲洗的过程称为洗脱，加入的溶剂称为洗脱剂（流动相）。

在洗脱过程中，柱内不断地发生解吸、吸附，再解吸、再吸附的过程。即被吸附的物质被溶剂解吸而随溶剂向下移动，又遇到新的吸附剂颗粒被再吸附，后面流下的溶剂再解吸而使其下移。经过一段时间以后，该物质会向下移动一定距离。此距离的长短与吸附剂对该物质的吸附力以及溶剂对该物质的解吸（溶解）能力有关。不同的物质由于吸附力和解吸力不同，移动速度也不同。吸附力弱而解吸力强的物质，移动速度就较快。经过适当的时间以后，不同的物质各自形成区带，如果被分离的是有色物质，就可以清楚地看到色带（色层）。如果被吸附的物质没有颜色，可用适当的显色剂或紫外光观察定位，也可用溶剂将被吸附物从吸附柱洗脱出来，再用适当的显色剂或紫外光检测，以洗脱液体积对被洗脱物质浓度作图，可得到洗脱曲线。吸附柱层析成败的关键是选择合适的吸附剂、洗脱剂和操作方式。

本实验用石油醚、甲醇、丙酮、苯等做流动相，用蔗糖、碳酸钙、氧化铝等吸附剂做固定相，利用吸附剂对绿叶中的叶绿素 a、叶绿素 b、胡萝卜素、叶黄素等色素吸附力不同来分离这些色素。

吸附剂氧化铝分酸性、碱性和中性三种，酸性氧化铝（pH 值 4~5）适合于分离酸性化合物，碱性氧化铝（pH 值 9~10）适合于分离碱性化合物，中性氧化铝（pH 值 7）适合于分生物碱、挥发油、萜类、甾体及在酸、碱中不稳定的苷类、酯类等化合物。

氧化铝用前需脱水活化，通常于 400℃ 高温下加热 6h，使氧化铝的含水量在 0%~3%，可得到 I 级或 II 级氧化铝，但温度过高也会破坏氧化铝的内部结构。

三、器材

抽滤瓶，乳钵、研杵，带托的玻璃棒，层析管，分液漏斗。

四、试剂和材料

40℃烘干的菠菜叶，石油醚，甲醇，苯，无水硫酸钠，细粉状蔗糖，无水碳酸钙，氧化铝，海沙（或石英沙）。

五、操作方法

（1）取烘干的菠菜叶 1g 置于乳钵中，加少许海沙研碎。

（2）浸入含有 22.5mL 石油醚、2.5mL 苯和 7.5mL 甲醇的混合溶剂中，放置约 1h。

（3）过滤。将滤液置于分液漏斗中，加 5mL 水轻轻上下颠倒数次，然后弃去水层（其中溶有甲醇）。应避免激烈振荡，否则易形成乳浊液。

（4）将剩余的液体通过装有 5g 无水硫酸钠的漏斗过滤以除去水分，即得到色素提取液（必要时可在通风橱中小心地浓缩成数毫升）。

（5）取层析柱一支（若用玻璃管，可在下端塞上一块棉花），将细粉氧化铝装入柱中，每装入少许，就用带托的玻璃棒压紧，装到 3cm 为止，约用氧化铝 2g。同样的方法再装入细粉状碳酸钙，装到总高度为 5cm 为止，约用 2.5g。同样的方法再装入细蔗糖粉末，装到总高度为 7cm 为止，约用 3.5g。最后在蔗糖上面再放一块棉花。将做好的吸附柱装在抽滤瓶上。

（6）将石油醚和苯的混合液（4:1）倒在管的上部，使其通过吸附柱，缓慢抽滤。

（7）不等混合液渗干（在吸附柱上还保留一些混合液），将色素提取液倒在层析管上端。

（8）使溶液通过吸附柱，并继续加入石油醚和苯混合液（4:1）洗脱，至能区分开柱上清晰的色带为止。

六、实验思考题

（1）论述吸附层析法的原理。

（2）影响吸附层析的因素有哪些？

（3）流动相石油醚、甲醇、丙酮、苯中为什么不能含有水分？

实验三 蛋白质含量测定

一、实验目的

掌握考马斯亮蓝 G-250 测定蛋白质含量的原理和方法。

二、实验原理

考马斯亮蓝 G-250（coomassie brilliant blue G-250）测定蛋白质含量属于染料结合法的一种。考马斯亮蓝 G-250 在游离状态下呈红色，最大光吸收在 488nm；当它与蛋白质结合后变为青色，蛋白质-色素结合物在 595nm 波长下有最大光吸收，其光吸收值与蛋白质含量成正比，因此可用于蛋白质的定量测定。蛋白质与考马斯亮蓝 G-250 结合在 2min 左右的时间内达到平衡，完成反应十分迅速；其结合物在室温下 1h 内保持稳定。测定时，不可放置太长时间，否则将使测定结果偏低。有些阳离子，如 K^+、Na^+、Mg^{2+}、$(NH_4)_2SO_4$、乙醇等物质不干扰测定，但大量的去污剂如 TritonX-100、SDS 等严重干扰测定。该法是 1976 年由 Bradford 建立，试剂配制简单，操作简便快捷，反应非常灵敏，灵敏度比 Lowry 法还高 4 倍，可测定微克级蛋白质含量，测定蛋白质浓度范围为 $0\sim1000\mu g/mL$，是一种常用的微量蛋白质快速测定方法。

三、材料、主要仪器和试剂

1. 实验材料

新鲜绿豆芽。

2. 主要仪器

分析天平、台式天平，刻度吸管，具塞试管、试管架，研钵，离心机、离心管，烧杯、量筒，微量取样器，分光光度计。

3. 试剂

（1）牛血清白蛋白标准溶液的配制：准确称取 100mg 牛血清白蛋白，溶于 100mL 蒸馏水中，即为 $1000\mu g/mL$ 的原液。

（2）蛋白试剂考马斯亮蓝 G-250 的配制：称取 100mg 考马斯亮蓝 G-250，溶于 50mL 90% 乙醇中，加入 85%（W/V）的磷酸 100mL，最后用蒸馏水定容到 1000mL。此溶液在常温下可放置一个月。

（3）乙醇。

（4）磷酸（85%）。

四、操作步骤

1. 标准曲线制作

$0\sim100\mu g/mL$ 标准曲线的制作：取 6 支 10mL 干净的具塞试管，按表 1 取样。盖塞后，将各试管中溶液纵向倒转混合，放置 2min 后用 1cm 光经的比色杯在 595nm 波长下比色，记录

各管测定的光密度 OD_{595nm}，并做标准曲线（表1）。

表1　低浓度标准曲线制作

试管号	1	2	3	4	5	6
100μg/mL 标准蛋白质提取液/mL	0	0.02	0.04	0.06	0.08	0.10
蒸馏水/mL	1.00	0.98	0.96	0.94	0.92	0.90
考马斯亮蓝 G-250 试剂/mL	5	5	5	5	5	5
蛋白质含量/μg	0	20	40	60	80	100
OD_{595nm}						

2. 样品提取液中蛋白质浓度的测定

（1）待测样品制备：称取新鲜绿豆芽2g放入研钵中，加2mL蒸馏水研磨成匀浆，转移到离心管中，再用6mL蒸馏水分次洗涤研钵，洗涤液收集于同一离心管中，放置0.5~1h以充分提取，然后在4000r/min离心20min，弃去沉淀，上清液转入10mL容量瓶，并以蒸馏水定容至刻度，即得待测样品提取液。

（2）测定：另取2支10mL具塞试管，按下表取样。吸取提取液0.1mL（做一重复），放入具塞刻度试管中，加入5mL考马斯亮蓝 G-250 蛋白试剂，充分混合，放置2min后用1cm光径比色杯在595nm下比色，记录光密度 OD_{595nm}，并通过标准曲线查得待测样品提取液中蛋白质的含量 X（μg）（表2）。以标准曲线1号试管做空白。

表2　待测液蛋白质浓度测定

试管号	7	8
蛋白质待测样品提取液/mL	0.1	0.1
蒸馏水/mL	0.9	0.9
考马斯亮蓝 G-250 试剂/mL	5	5
OD_{595nm}		
蛋白质含量/μg		

3. 结果计算

样品蛋白质含量（μg/g鲜重）= X×提取液总体积（mL）/测定时取样体积（mL）/样品鲜重（g）。式中：X 为在标准曲线上查得的蛋白质含量（μg）。

五、实验思考题

（1）制作标准曲线及测定样品时，为什么要将各试管中溶液纵向倒转混合？
（2）影响试验结果的因素有哪些？

实验四　血清蛋白的醋酸纤维薄膜电泳

一、实验目的

掌握电泳技术的一般原理和醋酸纤维薄膜电泳的操作。

二、实验原理

电泳技术是生物化学中最常用的技术。带电颗粒在电场作用下，向着与其电性相反的电极移动的现象，称为电泳（electrophoresis，简称 EP）。各组分因带电荷的性质不同、带电荷数量不同、分子量大小不同、形状不同，在电场中泳动度（带电颗粒在单位电场强度下的泳动速度称迁移率或泳动度）不一样，电泳适当的时间，各组分移动的方向和距离不一样，因而可分离混合物中各组分。电泳的种类多，但电泳技术的原理是一致的，可把电泳分成三类：

（1）显微电泳：是用显微镜直接观察细胞等大颗粒物质电泳行为的过程。

（2）自由界面电泳：是胶体溶液中溶质的电泳，胶体溶液的溶质颗粒经过电泳后，在胶体溶液和溶剂之间形成界面的电泳过程。

（3）区带电泳：是样品物质在一惰性支持物上进行电泳的过程。因电泳后样品的不同组分可形成带状的区间，故称区带电泳，或区域电泳。根据其所用支持物的性质，大体可分成两类：一类是仅起支持作用和抗扩散、抗对流作用的物料，如滤纸、纤维素及其衍生物［如醋酸纤维素、二氨基四乙酸（DEAE）-纤维素］等；另一类物料则是不仅能起支持作用和抗扩散、抗对流作用，还具有分子筛功效如淀粉、琼脂糖和聚丙烯酰胺凝胶等。20 世纪 80 年代又发明了毛细管电泳（capillary electrophoresis），可不填充介质（支持物）直接将样品装到毛细管中进行电泳。区带电泳的支持物可做成柱状或板状，分别称柱状（盘状）电泳和板状（平板）电泳，也可按电泳方向分水平型电泳和垂直型电泳。一般用支持物直接命名，如琼脂糖电泳、纸电泳、聚丙烯酰胺凝胶电泳等。

影响泳动速度的因素有颗粒的性质（如颗粒直径、形状和所带的静电荷量等）、电场强度、溶液的性质（包括电极溶液和样品溶液的 pH 值、离子强度和黏度等）、电渗（电泳缓冲液相对于固体支持物的移动称电渗）、温度（电泳时会产生焦耳热，使介质黏度下降，分子运动加快，迁移率增加，同时温度过高会使样品中的生物大分子变性失活，因此电泳时，要控制电压或电流，也可安装冷却散热装置）、支持物（如在筛孔大凝胶中组分颗粒泳动速度快；反之，则泳动速度慢）等因素。

醋酸纤维薄膜电泳是用醋酸纤维薄膜作为支持物的电泳方法（图 1）。醋酸纤维薄膜由二乙酸纤维素制成，它具有均一的泡沫样的结构，厚度仅 $120\mu m$，有强渗透性，对分子移动无阻力，作为区带电泳的支持物进行蛋白电泳有简便、快速、样品用量少、应用范围广、分离清晰、没有吸附现象等优点。目前已广泛用于血清蛋白、脂蛋白、血红蛋白，糖蛋白和同功酶的分离及免疫电泳中。本实验分离血清蛋白，血清中含有多种蛋白质，如血清清蛋白、α_1球蛋白、α_2球蛋白、β球蛋白、γ球蛋白等。

三、器材

醋酸纤维薄膜（2×8 厘米），常压电泳仪，点样器（市售或自制，点样器可用两个塑料薄片，中间夹一 0.8cm 宽的盖玻片用黏合剂黏合制成），培养皿（染色及漂洗用），粗滤纸，玻璃板，竹镊，白磁反应板。

四、试剂

（1）巴比妥缓冲液（pH 值 8.6，离子强度 0.07）1000mL：巴比妥 2.76g，巴比妥钠 15.45g，加水至 1000mL。

（2）染色液 300mL：含氨基黑 10B 0.25g，甲醇 50mL，冰醋酸 10mL，水 40mL（可重复使用）。

（3）漂洗液 2000mL：含甲醇或乙醇 45mL，冰醋酸 5mL，水 50mL。

（4）透明液 300mL：含无水乙醇 7 份，冰醋酸 3 份。

五、操作

（1）浸泡：用镊子取醋酸纤维薄膜 1 张（识别出光泽面与无光泽面，并在角上用铅笔写上学号）放在缓冲液中浸泡 20min。

（2）点样：把膜条从缓冲液中取出，夹在两层粗滤纸内吸干多余的液体，然后平铺在玻璃板上（无光泽面朝上），将点样器先放置在白磁反应板上的血清中沾一下，再在膜条一端 2~3cm 处轻轻地水平地落下并随即提起，这样即在膜条上点上了细条状的血精样品（点样好坏是电泳图谱是否清晰的关键，可先在滤纸上练习）。

（3）电泳：在电泳槽内加入缓冲液，使两个电极槽内的液面等高，将膜条平悬于电泳槽支架的滤纸桥上（先剪裁尺寸合适的滤纸条，取双层滤纸条附着在电泳槽的支架上，使它的一端与支架的前沿对齐，而另一端浸入电极槽的缓冲液内。用缓冲液将滤纸全部润湿并驱除气泡，使滤纸紧贴在支架上，即为滤纸桥，它是联系醋酸纤维薄膜和两极缓冲液之间的"桥梁"）。膜条上点样的一端靠近负极。盖严电泳室。通电。调节电压至 160V，电流强度 0.4~0.7μA/cm 膜宽，电泳时间约为 25min。

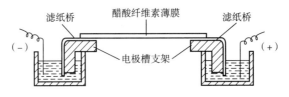

图 1　醋酸纤维薄膜电泳装置示意图

（4）染色：电泳完毕后将膜条取下并放在染色液中浸泡 10min。

（5）漂洗：将膜条从染色液中取出后移置到漂洗液中漂洗数次至无蛋白区底色脱净为止，可得色带清晰的电泳图谱。

定量测定时可将膜条用滤纸压平吸干，按区带分段剪开，分别浸在体积 0.4mol/L 氢氧化钠溶液中，并剪取相同大小的无色带膜条作空白对照，进行比色。或者将干燥的电泳图谱膜条放入透明液中浸泡2~3min后取出贴于洁净玻璃板上，干后即为透明的薄膜图谱，可用光密度计直接测定。

六、实验思考题

（1）论述醋酸纤维薄膜电泳的原理？

（2）影响醋酸纤维薄膜电泳的因素有哪些？

（3）为什么用这种方法可分离血清中的蛋白质？

实验五　垂直板 PAGE 分离血清蛋白

一、实验目的

掌握电泳原理和不连续系统的垂直板凝胶电泳的操作。

二、实验原理

聚丙烯酰胺凝胶是由单体丙烯酰胺（acrylamide，简称 Acr）和交联剂 N，N—甲叉双丙烯酰胺（methylene-bisacrylamide，简称 Bis）在加速剂和催化剂的作用下聚合并绞联成三维网状结构的凝胶，以此凝胶为支持物的电泳称为聚丙烯酰胺凝胶电泳（polyacrylamide gel electrophoresis，简称 PAGE）。

凝胶的聚合常用过硫酸铵（AP）为催化剂，四甲基乙二胺（TEMED）为加速剂。TEMED 的碱基可催化 AP 水溶液产生游离氧原子，激活 Acr 单体，使其聚合成单体长链，在 Bis 作用下，聚合成网状凝胶。碱性条件下凝胶易聚合，室温下 7.5% 的凝胶在 pH 值为 8.8 时 30min 聚合，在 pH 值为 4.3 时约需 90min。

PAGE 根据其有无浓缩效应，分为连续系统与不连续系统两大类，前者电泳体系中缓冲液 pH 值及凝胶浓度相同，带电颗粒在电场作用下，主要靠电荷及分子筛效应；后者电泳体系中由于缓冲液离子成分、pH 值、凝胶浓度及电位梯度的不连续性，带电颗粒在电场中泳动不仅有电荷效应、分子筛效应，还具有浓缩效应，故分离效果更好。

不连续体系由电极缓冲液、样品胶、浓缩胶及分离胶组成，两层玻璃板中排列顺序依次为上层样品胶、中间浓缩胶、下层分离胶。

1. 样品浓缩效应

（1）凝胶孔径的不连续性：上述 3 层凝胶中，样品胶及浓缩胶为大孔胶；分离胶为小孔胶。在电场作用下，样品颗粒在大孔胶中泳动的阻力小，移动速度快；当进入小孔胶时，受到的阻力大，移动速度减慢。因而在两层凝胶交界处，样品迁移受阻而压缩成很窄的区带。

（2）缓冲体系离子成分及 pH 值的不连续性：在三层凝胶中均有三羟甲基氨基甲烷（简称 Tris）及 HCl。Tris 的作用是维持溶液的电中性及 pH 值，是缓冲配对离子。HCl 在任何 pH 溶液中均易解离出（Cl⁻），在电场中迁移率快，走在最前面故称为快离子。

在电极缓冲液中，除有 Tris 外，还有甘氨酸（glycine），其 pI=6.0，在 pH 值为 8.3 的电极缓冲液中，易解离出甘氨酸根（$NH_2CH_2COO^-$），而在 pH 值为 6.7 的凝胶缓冲体系中，甘氨酸解离度仅有 0.1%~1%，因而在电场中迁移很慢，故称为慢离子。

血清中大多数蛋白质 pI 在 5.0 左右，在 pH 值为 6.7 或 8.3 时均带负电荷向正极移动，迁移率介于快离子与慢离子之间，于是蛋白质就在快、慢离子形成的界面处，被浓缩成为极窄的区带。当进入 pH 值为 8.9 的分离胶时，甘氨酸解离度增加，其有效迁移率超过蛋白质，因此 Cl⁻ 及 $NH_2CH_2COO^-$ 沿着离子界面继续前进。蛋白质分子由于相对分子质量大，被留在后面，逐渐分成多个区带。

（3）电位梯度的不连续性：电泳开始后，快离子的快速移动会在其后形成一个离子强度很低的低电导区，使局部电位梯度增高，将蛋白质浓缩成狭窄的区带。

2. 分子筛效应

大小和形状不同的蛋白质通过一定孔径分离胶时，受阻滞的程度不同而表现出不同的迁移率，这就是分子筛效应。蛋白质进入 pH 值为 8.9 的同一孔径的分离胶后，分子小且为球形的蛋白质分子所受阻力小，移动快，走在前面；反之，则阻力大，移动慢，走在后面，从而通过凝胶的分子筛作用将各种蛋白质分成各自的区带。这种分子筛效应不同于柱层析中的分子筛效应，柱层析中是大分子先从凝胶颗粒间的缝隙流出，小分子后流出。

3. 电荷效应

在 pH 值为 8.9 的分离胶中，各种带净电荷不同的蛋白质有不同的迁移率。净电荷多，则迁移快；反之，则慢。因此，各种蛋白质按电荷多少、相对分子质量及形状，以一定顺序排成一个个区带，因而称为区带电泳。

不连续系统的垂直板凝胶电泳由于其浓缩效应、电荷效应和分子筛效应的共同作用，具有较高的分辨力，条件合适时，可将血清蛋白质分为 20 多条区带。

三、试剂

（1）30%丙烯酰胺贮存液：称取丙烯酰胺 29.2g，甲叉双丙烯酰胺 0.8g，加蒸馏水至 100mL。装于棕色瓶，于 4℃冰箱保存备用。

（2）过硫酸铵溶液：配成 10%浓度，4℃可存 1~2 周。

（3）N，N，N，N'-四甲基乙二胺（TEMED）：避光保存。

（4）pH 值为 8.9、1.5mol/L Tris-HCl 缓冲液：称取 18.2g 三羟甲基氨基甲烷（Tris），加 24mL 1mol/L 盐酸，加水至 100mL。

（5）pH 值为 6.8、0.5mol/L Tris-HCl 缓冲液：称取 Tris 6.0g，加 48mL 1mol/L，盐酸加水至 100mL。

（6）pH 值为 8.3 Tris-甘氨酸电极缓冲液：称取 Tris 6.0g、甘氨酸 28.8g，加蒸馏水至 1000mL。用时加水稀释 10 倍。

（7）指示染料：0.1%溴酚蓝溶液。

（8）染色液：称取三氯醋酸 12.5g，加水至 100mL，再加入 0.1g 考马斯亮蓝。

（9）脱色液：7%醋酸溶液。

（10）蛋白质样品液：人或动物血清、组织匀浆（1g 或 10mL）上清液均可。

四、操作

（1）按照厂家说明书安装电泳槽（如夹心式）或灌胶玻璃板。注意玻璃板要洗净，灌胶表面不可沾污手印。

（2）配制分离胶：估算所需凝胶溶液体积，按所需胶浓度配制溶胶，如配制 20mL 8%凝胶的方法为：在三角瓶中依次加入水 9.5mL、30%丙烯酰胺贮存液 5.3mL、pH 值为 8.9 的 Tris-HCl 缓冲液 5.0mL、10%过硫酸铵 0.2mL、TEMED 12μL 混匀，此处采用的过硫酸铵浓度较高，可省去过去常用的脱气除氧操作。

（3）迅速将分离胶灌注到两层玻璃板之间（夹心槽需用 1% ~ 2% 琼脂封堵长玻璃板下端与硅胶模框交界处的缝隙，琼脂冷凝后灌胶），灌胶高度距梳齿下缘约 1cm，在胶表面小心覆盖一层异丁醇（用巴斯吸管）。

（4）分离胶完全聚合后（约 30min），倾出覆盖层，用去离子水清洗胶面，纸巾吸除残液。

（5）配制浓缩胶。10mL 5% 胶的配方为：在三角瓶中依次加入水 6.9mL、30% 丙烯酰胺贮存液 1.7mL、pH 值为 6.8 的 Tris-HCl 缓冲液 1.25mL、10% 过硫酸铵 0.1mL、TEMED 10μL 混匀。

（6）将浓缩胶液灌注在分离胶上部的两层玻璃板之间，立即插入梳子（洗净，用乙醇擦拭并挥发至干），注意排除气泡。

（7）浓缩胶完全聚合后（约 30min）小心拔出梳子，用去离子水清洗加样槽。

（8）将制好的胶连同两面玻璃板安装到电泳槽上（夹心槽不用此步骤），将 Tris-甘氨酸缓冲液加到电泳槽中，必要时用注射器除去凝胶底部两块玻璃板间的气泡。

（9）样品液与 40% 蔗糖（含少许溴酚蓝）等体积混合，用微量注射器取 5 ~ 10μL 分别加入相应的加样槽底部。

（10）接通电泳仪和电泳槽，负极接上槽，接通冷却水，或将小型槽置于冰箱冷藏室，打开电泳仪开关，将电流调至 6 ~ 8mA/100mm² 胶面积，待样品（溴酚蓝指示线）进入分离胶后，将电流调为 15 ~ 25mA/100mm² 胶面积，待溴酚蓝迁移至离凝胶下缘约 1cm 时，将电流调回到零，关闭电泳仪和冷却水，回收电极液。

（11）从电泳槽上卸下玻璃板，用刀片撬开玻璃板，在左边第一加样孔下部切去一角作为标记。

（12）小心将凝胶板从另一块玻璃板转移到大培养皿中（可撬起一角，在胶层与玻璃板间加入少量水，再小心将二者剥离），加入染色液，染色约 30min，回收染色液，用脱色液浸泡漂洗数次，直至背景蓝色褪去。脱色后的凝胶，可在 7% 乙酸中长期保存。实验结果可以拍照，用凝胶扫描仪扫描进行定量分析，有条件时，还可用凝胶成像系统分析实验结果。

五、实验思考题

（1）论述 PAGE 电泳的原理。

（2）影响 PAGE 电泳的因素有哪些？

实验六　酪蛋白等电点测定

一、实验目的

掌握蛋白质等电点的粗略测定方法及蛋白质沉淀方法。

二、实验原理

蛋白质是两性电解质，其解离状态和解离程度受溶液的酸碱度影响。当溶液的 pH 值达到一定数值时，蛋白质颗粒上正负电荷的数目相等，在电场中，蛋白质既不向阴极移动，也不向阳极移动，此时溶液的 pH 值称为此种蛋白质的等电点。在等电点时，蛋白质的理化性质都有变化，可利用此种性质的变化测定各种蛋白质的等电点。最常用的方法是测其溶解度最低时的溶液 pH。

本实验通过观察不同 pH 值溶液中的溶解度以测定酪蛋白的等电点。用醋酸与醋酸钠（醋酸钠混合在酪蛋白溶液中）配制各种不同 pH 值的缓冲液。向诸缓冲液中加入酪蛋白后，沉淀出现最多的缓冲液的 pH 值即为酪蛋白的等电点。

三、材料、试剂与器材

1. 材料

市售分析纯酪蛋白。

2. 试剂

（1）称取酪蛋白 3g，放在烧杯中，加入 40℃的蒸馏水。加入 50mL 1mol/L 氢氧化钠溶液，微热搅拌直到蛋白质完全溶解为止。将溶解好的蛋白溶液转移到 500mL 容量瓶中，并用少量蒸馏水洗净烧杯，一并倒入容量瓶。在容量瓶中再加入 1mol/L 醋酸溶液 50mL，摇匀。加入蒸馏水定容至 500mL，得到略现浑浊的在 0.1mol/L NaAC 溶液中的酪蛋白胶体。

（2）1.00mol/L 醋酸溶液。

（3）0.10mol/L 醋酸溶液。

（4）0.01mol/L 醋酸溶液。

（5）pH 值为 4.7 醋酸–醋酸钠的缓冲溶液。

3. 器材

水浴锅、温度计、200mL 锥形瓶、100mL 容量瓶、吸管、试管及试管架、研钵等。

四、实验步骤

取同样规格的试管 4 支，按表 1 顺序分别精确（注意：等电点测定的实验要求各种试剂的浓度和加入量必须相当准确）地加入各试剂，然后混匀。

表1　各种试剂加入顺序及剂量（单位 mL）

试管号	蒸馏水	0.01mol/L 醋酸	0.1mol/L 醋酸	1.0mol/L 醋酸
1	8.4	0.6	—	—
2	8.7	—	0.3	—
3	8.0	—	1.0	—
4	7.4	—	—	1.6

　　向以上试管中各加酪蛋白的醋酸钠溶液 1mL，加一管，摇匀一管。此时 1、2、3、4 管的 pH 值依次为 5.9、5.5、4.7、3.5。观察其浑浊度。静置 10min 后，再观察其浑浊度。最浑浊的一管 pH 值即为酪蛋白的等电点。

五、实验思考题

（1）什么是蛋白质的等电点？
（2）在等电点时，蛋白质溶液为什么容易发生沉淀？

实验七　酵母菌中蔗糖酶的提取与部分纯化

一、实验目的

学习酶的纯化方法，掌握离心机的使用方法。

二、实验原理

酵母中含有大量的蔗糖酶，通过研磨破细胞壁，使酶游离出来，用水萃取酶，然后用有机溶剂沉淀酶蛋白得到粗制品，还可用柱层析进一步纯化得到精制品。

三、实验器材与试剂

1. 试剂和材料

酵母干粉、二氧化硅、纯净水（使用前冷至 4℃ 左右）、冰块、食盐、1mol/L 乙酸、95% 乙醇、甲苯（使用前预冷到 0℃ 以下）蔗糖酶溶液（100mL）。

2. 器材

研钵 1 个、离心管 3 个、滴管 3 个、50mL 量筒 1 个、恒温水浴锅 1 个、烧杯 100mL 和 500mL 各 2 个、广泛 pH 试纸、高速冷冻离心机。

四、操作步骤

1. 提取

（1）称取 60g 干酵母粉置 500mL 的烧杯中，加 90mL 水，在室温下自然发酵过夜或放 37℃ 培养箱发酵起泡。

（2）准备一个冰浴，将研钵稳妥放入冰浴中。

（3）称取 10g 湿润的酵母和少数的石英砂（5g 以下，且要预先研细）置研钵中。

（4）在酵母中缓慢地加入预冷的纯净水 15mL，边加边研磨，约 30min 至酵母细胞大部分被研碎。

（5）混合物转入离心管中，平衡后用高速冷冻离心机离心，10000r/m 离心 15min。

（6）滴管小心地取出水相，转入一个清洁的离心管中，4℃，10000r/m 离心 15min。

（7）量出上清液体积，转入清洁烧杯中用 1mol/L 乙酸将 pH 值调至 5.0，称为"粗级分Ⅰ"。

2. 热处理

（1）将盛有"粗级分Ⅰ"的离心管稳妥地放入 50℃ 水浴中保温 30min，在保温过程中不断轻摇离心管。

（2）到达 30min 后，置冰浴中迅速冷却，10000r/min/min，离心 15min。

（3）量出上清液体积，留出 1.5mL 测定酶活力及蛋白质含量（称为"热级分Ⅱ"）。

3. 乙醇沉淀

（1）将"热级分Ⅱ"转入小烧杯中，放入冰盐浴（没有水的碎冰撒入少量食盐），逐滴加入等体积预冷至-20℃的95%乙醇，同时轻轻搅拌30min。再在冰盐浴中放置10min，以沉淀完全。

（2）于4℃，10000r/m离心10min，弃上清，并滴干，沉淀保存于离心管中，盖上盖子或薄膜封口，然后将其放入冰箱中冷冻保存（称为"醇级分Ⅲ"）。

4. 简易法

将啤酒厂的鲜酵母用水洗涤2～3次（离心法），然后放在滤纸上自然干燥。取干酵母100g，置于乳钵内，添加适量蒸馏水及少量细沙用力研磨，提取约1h，再加蒸馏水使总体积约为原体积的10倍。离心，将上清液保存于冰箱中备用。

五、实验思考题

（1）为什么酶的提取需要低温操作？

（2）在纯化蔗糖酶的过程中，有哪些因子将会影响蔗糖酶的纯化倍数？

实验八　不同因素对酶活性的影响

一、实验目的

(1) 了解外界因素对酶活性及酶促反应速度的影响。

(2) 加深对酶的性质的认识。

二、实验内容

本实验由温度对酶的活力的影响；pH 值对酶活力的影响；酶的激活剂及抑制剂；酶的专一性四组实验组成。

(一) 温度对酶活力的影响

1. 原理

酶的催化作用受温度的影响，在最适温度下，酶的反应速度最高。大多数动物酶的最适温度为 37~40℃，植物酶的最适温度为 50~60℃。

酶对温度的稳定性与其存在形式有关。有些酶的干燥制剂，虽加热到100℃，其活性并无明显改变，但在100℃的溶液中却很快地完全失去活性。低温能降低或抑制酶的活性，但不能使酶失活。

2. 器材

试管及试管架、恒温水浴、冰浴、沸水浴。

3. 试剂和材料

(1) 0.2%淀粉的 0.3%氯化钠溶液 150mL（需新鲜配制）。

(2) 稀释 50 倍的唾液 50mL。用蒸馏水漱口，以清除食物残渣，再含一口蒸馏水，半分钟后使其流入量筒并稀释 50 倍（稀释倍数可根据各人唾液淀粉酶活性调整），混匀备用。

(3) 碘比钾-碘溶液（50mL）。将碘化钾 20g 及碘 10g 溶于 100mL 水中。使用前稀释 10 倍。

4. 操作方法

淀粉和可溶性淀粉遇碘呈蓝色。糊精按其分子的大小，遇碘可呈蓝色、紫色、暗褐色或红色。最简单的糊精遇碘不呈色，麦芽糖遇碘也不呈色。在不同温度下，淀粉被唾液淀粉酶水解的程度，可由水解混合物遇碘呈现的颜色来判断。

取 3 支试管，编号后按表 1 加入试剂：

表 1　温度对酶活力的影响

管号	1	2	3
淀粉溶液/mL	1.5	1.5	1.5
稀释唾液/mL	1	1	—
煮沸过的稀释唾液/mL	—	—	1

摇匀后，将 1 号、3 号两试管放入 37℃ 恒温水浴中，2 号试管放入冰水中（将 2 号管内液体分为两半）。10min 后取出，用碘化钾-碘溶液来检验 1、2、3 管内淀粉被唾液淀粉酶水解的程度，记录并解释结果。将二号管剩下的一半溶液放入 37℃ 水浴中继续保温 10min 后，再用碘液实验，结果如何？

（二）pH 值对酶活性的影响

1. 原理

酶的活力受环境 pH 值的影响极为显著；不同酶的最适 pH 值不同。本实验观察 pH 值对唾液淀粉酶活性的影响，唾液淀粉酶的最适 pH 值约为 6.8。

2. 器材

试管及试管架、吸管、滴管、50mL 锥形瓶、恒温水浴。

3. 试剂和材料

（1）新配制的溶于 0.3% 氯化钠的 0.5% 淀粉溶液（250mL）。

（2）稀释 50 倍的新鲜唾液（100mL）。

（3）0.2mol/L 磷酸氢二钠溶液（600mL）。

（4）0.1mol/L 柠檬酸溶液（400mL）。

（5）碘化钾-碘溶液（50mL）。

（6）pH 值试纸：pH=5、pH=5.8、pH=6.8、pH=8 4 种试纸。

4. 操作方法

取 4 个标有号码的 50mL 锥形瓶。用吸管按表 2 添加 0.2mol/L 磷酸氢二钠溶液和 0.1mol/L 柠檬酸溶液以制备 pH 值为 5.0~8.0 的 4 种缓冲液。

表 2　pH 值对酶活性的影响

锥形瓶号码	0.2mol/L 磷酸氢二钠	0.1mol/L 柠檬酸	pH 值
1	5.15	4.85	5.0
2	6.05	3.95	5.8
3	7.72	2.28	6.8
4	9.72	0.28	8.0

从 4 个锥形瓶中各取缓冲液 3mL，分别注入 4 支带有号码的试管中，随后于每个试管中添加 0.5% 淀粉溶液 2mL 和稀释 50 倍的唾液 2mL。向各试管中加入稀释唾液的时间间隔各为 1min。将各试管内容物混匀，并依次置于 37℃ 恒温水浴中保温。

第 4 管加入唾液 2min 后，每隔 1min 由第 3 管取出一滴混合液，置于白瓷板上，加 1 小滴碘化钾-碘溶液，检验淀粉的水解程度。待混合液变为棕黄色时，向所有试管依次添加 1~2 滴碘化钾-碘溶液。添加碘化钾-碘溶液的时间间隔，从第一管起，也均为 1min。观察各试管内容物呈现的颜色，分析 pH 值对唾液淀粉酶活性的影响。

（三）唾液淀粉酶的活化和抑制

1. 原理

酶的活性受活化剂或抑制剂的影响。氯离子为唾液淀粉酶的活化剂，铜离子为其抑制剂。

2. 器材

恒温水浴、试管及试管架。

3. 试剂和材料

（1）0.1%淀粉溶液（150mL）。

（2）稀释50倍的新鲜唾液（150mL）。

（3）1%氯化钠溶液（50mL）。

（4）1%硫酸铜溶液（50mL）。

（5）1%硫酸钠溶液（50mL）。

（6）碘化钾–碘溶液（100mL）。

4. 操作方法

唾液淀粉酶的活化和抑制实验反应体系操作方法见表3。

表3　唾液淀粉酶的活化和抑制实验反应体系

管号	1	2	3	4
0.1%淀粉溶液/mL	1.5	1.5	1.5	1.5
稀释唾液/mL	0.5	0.5	0.5	0.5
1%硫酸铜溶液/mL	0.5	—	—	—
1%氯化钠溶液/mL	—	0.5	—	—
1%硫酸钠溶液/mL	—	—	0.5	—
蒸馏水/mL	—	—	—	0.5
37℃恒温水浴，保温10min（保温时间因各人唾液淀粉酶活力调整）				
碘化钾–碘溶液（滴）	2~3	2~3	2~3	2~3
现象				

（四）酶的专一性

1. 原理

酶具有高度的专一性。本实验以唾液淀粉酶对淀粉的作用为例，来说明酶的专一性。淀粉无还原性，唾液淀粉酶水解淀粉生成有还原性的麦芽糖，但不能催化蔗糖的水解，用Benedict试剂检查糖的还原性。

2. 器材

恒温水浴、沸水浴、试管及试管架。

3. 试剂和材料

（1）2%蔗糖溶液（150mL）。

（2）溶于0.3%的氯化钠的1%淀粉溶液150mL（需新鲜配制）。

（3）稀释50倍的新鲜唾液（100mL）。

（4）Benedict试剂200mL：无水硫酸铜1.74g溶于100mL热水中，冷却后稀释至150mL。取柠檬酸钠173g，无水碳酸钠100g和600mL水共热，溶解后冷却并加水至850mL。再将冷却的150mL硫酸铜溶液倾入。本试剂可长久保存。

4. 操作方法

（1）唾液淀粉酶的专一性（表4）。

表4　唾液淀粉酶专一性实验反应体系

管号	1	2	3	4	5	6
1%淀粉溶液/滴	4	—	4	—	4	—
2%蔗糖溶液/滴	—	4	—	4	—	4
稀释唾液/mL	—	—	1	1	—	—
煮沸过的稀释唾液/mL	—	—	—	—	1	1
蒸馏水/mL	1	1	—	—	—	—
37℃恒温水浴15min						
Benedict 试剂/mL	1	1	1	1	1	1
沸水浴2~3min						
现象						

（2）蔗糖酶的专一性（表5）：蔗糖酶能催化蔗糖水解产生还原性葡萄糖和果糖，用Benedict 试剂检查糖的还原性。解释实验结果。

表5　蔗糖酶的专一性实验反应体系

管号	1	2	3	4	5	6
1%淀粉溶液/滴	4	—	4	—	4	—
2%蔗糖溶液/滴	—	4	—	4	—	4
蔗糖酶溶液/mL	—	—	1	1	—	—
煮沸过的蔗糖酶溶液/mL	—	—	—	—	1	1
蒸馏水/mL	1	1	—	—	—	—
37℃恒温水浴5min						
Benedict 试剂/mL	1	1	1	1	1	1
沸水浴2~3min						
现象						

三、实验思考题

（1）温度对酶有何影响？

（2）pH 值对酶有何影响？

（3）何为酶的激活剂和抑制剂？酶的激活与抑制实验中第3管有何意义？

（4）什么是酶的专一性？

实验九 粗脂肪的提取和定量测定

一、实验目的

（1）掌握用索氏（Soxhlet）提取器提取脂肪的原理和方法。

（2）掌握用重量分析法对粗脂肪进行定量测定。

二、实验原理

利用脂类物质溶于有机溶剂的特性。在索氏提取器中用有机溶剂（本实验用石油醚，沸程为 30~60℃）对样品中的脂类物质进行提取。因提取的物质是脂类物质的混合物，故称其为粗脂肪。

索氏提取器是由提取瓶、提取管、冷凝器三部分组成的，提取管两侧分别由虹吸管和连接管，各部分连接处要严密不能漏气。提取时，将待测样品包在脱脂滤纸包内，放入提取管内。提取瓶内加入石油醚。加热提取瓶，石油醚气化，由连接管上升进入冷凝器，凝成液体滴入提取管内，浸提样品中的脂类物质。待提取管内石油醚液面达到一定高度，溶有粗脂肪的石油醚经虹吸管流入提取瓶。流入提取瓶内的石油醚继续被加热气化、上升、冷凝、滴入提取管内，如此循环往复，直到抽提完全为止。本法为重量法，将由样品抽提出的粗脂肪，蒸去溶剂、干燥、称重，按公式计算，求出样品中粗脂肪的百分含量。

三、器材

索氏提取器（50mL），分析天平，烧杯，烘箱，干燥器，恒温水浴，脱脂滤纸，脱脂棉，镊子。

四、试剂和材料

（1）样品：芝麻种籽。将洗净、晾干的芝麻种籽放入 80~100℃烘箱中烘 4h。待冷却后，准确地称取 2~4g，置于研钵中研磨细，将研碎的样品及擦净研钵的脱脂棉一并用脱脂滤纸包住并用丝线扎好，勿让样品漏出，或用特制的滤纸斗装样品后，斗口用脱脂棉塞好。放入索氏提取器的提取管内，最后再用石油醚洗净研钵后倒入提取管内。

（2）石油醚（化学纯，沸程 30~60℃）。

五、操作

（1）洗净索氏提取瓶，在 105℃烘箱内烘干至恒重，记录重量。将石油醚加到提取瓶内，为瓶容积的 1/2~2/3。将样品包放入提取管内。把提取器各部分连接后，接口处不能漏气。用 70~80℃恒温水浴加热提取瓶，使抽提进行 16h 左右，直至抽提管内的石油醚用滤纸检验无油迹为止。此时表示提取完全。

提取完毕，取出滤纸包，再回馏一次，洗涤提取管。再继续蒸馏，当提取管中的石油醚液面接近虹吸管口而未流入提取瓶时，倒出石油醚。若提取瓶中仍有石油醚，继续蒸馏，直至提取瓶中石油醚完全蒸完。取下提取瓶，洗净瓶的外壁，放入 105℃烘箱中烘干、恒重，记录重量。

按下式计算样品中粗脂肪的百分含量：

粗脂肪(%)＝[提取后提取瓶的重量(g)−提取前提取瓶的重量(g)]/样品重量(g)×100%

（2）比较不同有机溶剂进行浸提、不同浸提时间、不同浸提温度的效果。

六、实验思考题

（1）为什么索氏提取法提取的是粗脂肪？

（2）做好本实验应注意哪些事项？

实验十　离子交换层析分离混合氨基酸

一、实验目的

（1）掌握离子交换层析的原理。

（2）掌握离子交换层析的操作和氨基酸分离方法。

二、原理

本实验用磺酸阳离子交换树脂（Dowex 50）分离酸性氨基酸（天冬氨酸）、中性氨基酸（丙氨酸）、碱性氨基酸（赖氨酸）混合液。在特定的 pH 值条件下解离程度不同，通过改变洗脱液的 pH 值或离子强度可进行洗脱分离。

三、器材

烧杯、量筒、试纸、层析柱、刻度吸管、三角烧瓶、试管、沸水浴、玻璃棒。

四、试剂和材料

磺酸阳离子交换树脂（Dowex 50），2mol/L HCl，2mol/L NaOH，0.1mol/L HCl，0.1mol/L NaOH，0.1mol/L pH 值为 4.2 柠檬酸缓冲液（柠檬酸 12.92g、二水柠檬酸钠 11.32g、定容至 1000mL），2mol/L pH 值为 5.0 醋酸缓冲液（冰醋酸 35.42mL、三水醋酸钠 191.76g、定容至 1000mL），茚三酮溶液（0.25g 茚三酮溶于 100mL 水中），氨基酸混合液：丙氨酸、天冬氨酸、赖氨酸各 10mg，加 0.1mol/L HCl 1mL 溶解。

五、操作

1. 树脂处理

100mL 烧杯中放置约 10g 树脂，加 25mL 2mol/L HCl 搅拌，2h 后，倾弃酸液，用蒸馏水充分洗涤至中性，加 25mL 2mol/L NaOH 至上述树脂中搅匀，2h 后，弃碱液，用蒸馏水充分洗涤至中性，将树脂悬浮在 50mL pH 值为 4.2 的柠檬酸缓冲液中，备用。

2. 装柱取层析柱

自顶部注入处理后树脂悬浮液，关闭层析柱出口开关，待树脂沉降后，放出过量的溶液，再加入树脂直至 2/3 柱高处即可，于柱顶部继续加入 pH 值为 4.2 的柠檬酸缓冲液洗涤，使流出液 pH 值为 4.2 为止，关闭出口开关，保持液面在树脂表面上 1cm，在装柱时必须防止气泡、分层及干柱等现象出现。

3. 加样、洗脱及收集

打开出口开关使缓冲液流出，待液面几乎平齐树脂表面，关闭出口（不可使树脂表面干燥），用吸管取 0.2mL 氨基酸混合液，仔细加到树脂顶部，打开出口使其缓慢流入柱内，当液面刚平齐树脂表面时，加入 2mL 0.1mol/L HCl，以 15～20 滴/分的流速洗涤，并开始收集洗脱液，每管 2mL 收存。当 HCl 液面刚平齐树脂表面时，加入 3mL pH 值为 4.2 的柠檬酸缓冲液，冲洗柱壁，当液面刚平齐树脂表面时，再加入 3mL pH 值为 4.2 的柠檬酸缓冲液，并通过导管连接层析柱和盛有 25~30mL pH 值为 4.2 的柠檬酸的三角烧瓶，进行连续洗脱，保持流速 15~20 滴/分，并注意不能使树脂表面干燥。约收集 8 管时，移去 pH 值为 4.2 缓冲液的三角烧瓶，待柱内 pH 值为 4.2 缓冲液刚到树脂平面时，加入 3mL 0.1mol/L NaOH 并用盛有 25~30mL 0.1mol/L NaOH 的三角烧瓶通过导管与层析柱连接，连续洗脱，流速 15~20 滴/min，每管 2mL，需收集 5 管左右。

4. 检测

将收集管按收集秩序排好编号，每管加入 1mL 2mol/L pH 值为 5.0 醋酸缓冲液，混匀，各管中再加入 1mL 茚三酮溶液。在沸水浴中煮 10min 后，溶液呈蓝紫色表示阳性，颜色深浅与氨基酸的浓度有关。

5. 树脂再生（同树脂的处理）

六、实验思考题

（1）阐述离子交换层析的原理。

（2）做好本实验应注意哪些事项？

（3）查阅天冬氨酸、丙氨酸和赖氨酸的等电点，在 pH 值为 4.2 时各带什么电荷？

实验十一 蛋白质的盐析及透析

一、实验目的

1. 掌握盐析和透析法的原理。
2. 掌握蛋白质盐析和透析的操作。

二、原理

盐析：蛋白质是亲水胶体，利用水化层和同性电荷，维持胶态的稳定。向蛋白质溶液中加入某种碱金属或碱土金属的中性盐类，如（NH_4）$_2SO_4$、Na_2SO_4、$NaCl$ 或 $MgSO_4$ 等，则发生电荷中和现象（失去电荷），当这些盐类的浓度足够大时，蛋白质胶粒脱水而沉淀，此即盐析。

由盐析所得的蛋白质沉淀，如经透析或水稀释降低盐类浓度后，能再溶解并保持其原有分子结构，仍具有生物活性，因此，盐析是可逆性沉淀。各种蛋白质分子颗粒大小、亲水程度不同，故盐析所需的盐浓度也不一样，因此调节蛋白质混合溶液中的中性盐浓度，可使各种蛋白质分段沉淀。如球蛋白在半饱和（NH_4）$_2SO_4$ 溶液中析出，而白蛋白则需在饱和（NH_4）$_2SO_4$ 溶液中才能沉淀，盐析是蛋白质分离纯化过程中的常用方法。

透析：蛋白质的相对分子质量很大，颗粒的大小已达胶体颗粒范围（直径 $1 \sim 100nm$），因此不能通过半透膜。透析就是选用适当孔径的半透膜，使小分子晶体物质透过此膜，而胶体颗粒则不能透过，从而分离胶体物质和小分子物质的方法。此技术常用于蛋白质的纯化。

三、器材

离心管，离心机，玻璃纸，吸管，烧杯。

四、试剂和材料

动物血清或血浆（卵清也可用），饱和（NH_4）$_2SO_4$ 溶液，（NH_4）$_2SO_4$ 粉末，0.9%NaCl，奈氏试剂（将 10g 碘化汞和 7g 碘化钾溶于 10mL 水中，另将 24.4g 氢氧化钾溶于内有 70mL 水的 100mL 容量瓶中，并冷却至室温。将上述碘化汞和碘化钾溶液慢慢注入容量瓶中，边加边摇动，加水至刻度，摇匀，放置 2 天后使用。试剂应保存在棕色玻璃瓶中，置暗处备用），20% NaOH，0.1% $CuSO_4$。

五、操作

1. 盐析

于洁净离心管中，加入血清或血浆 1mL，用滴管加饱和（NH_4）$_2SO_4$ 1mL，用小玻璃棒搅匀，此时球蛋白沉淀。放置 5min 后离心（3000r/min/min）10 分钟，上清液用滴管移入另一支离心管中，分次少量加入固体（NH_4）$_2SO_4$，用玻璃棒搅拌至有少量（NH_4）$_2SO_4$ 不再溶解为止。此时清蛋白在饱和（NH_4）$_2SO_4$ 溶液中析出，加 1% HCl 1~2 滴，混匀放置 5min 后，再离心 10min，用滴管吸出上清液至试管中，沉淀为清蛋白。

2. 透析

（1）取 120mm×120mm 玻璃纸，仔细折叠成袋状，用玻璃丝或白色丝线扎其一端，加少量水，检查是否漏水，然后将水倒去备用。

（2）向上面制备得到的清蛋白沉淀中加水 3mL，用玻璃棒搅拌（观察沉淀是否重新溶解），装入透析袋中，扎紧另端，将透析袋放入装有 50mL 水的小烧杯中，使袋内外的液面处于同一水平面上，透析 15min，可使盐类通过半透膜进入水中。

3. 检查

（1）取试管 2 支，一支加水 10 滴，另一支加袋外液 10 滴，两管各加奈氏试剂 2 滴，摇匀，有黄色或有黄褐色沉淀生成，表示有铵盐存在。

（2）取试管 3 支并编号，1 号管加饱和（NH_4）$_2SO_4$ 上清液 10 滴，2 号滴加袋外液 10 滴，3 号管加袋内液 10 滴，各加 20% NaOH 10 滴，混匀，再分别滴加 0.1% $CuSO_4$ 3～5 滴，混匀，有紫红色出现，表示有蛋白存在（铵盐存在对双缩脲反应有一定的干扰，定量实验时，必须除去铵盐）。

注：蛋白质溶液用透析法去盐时，正负离子透过半透膜的速度不同。以（NH_4）$_2SO_4$ 为例，NH_4^+ 的透出较快，在透析过程中膜内 SO_4^{2-} 剩余而生成 H_2SO_4 从而使膜内蛋白质溶液成为酸性，足以达到使蛋白质变性的酸度。因此在工业上用盐析法纯化蛋白质时，开始应对 0.1mol/L NH_4OH 或缓冲液透析。

六、实验思考题

（1）阐述盐析和透析的原理。

（2）何为双缩脲反应？并写出其化学反应。

实验十二 肝糖原的提取、鉴定及定量检测

一、实验目的

（1）掌握肝糖原的提取方法。
（2）掌握肝糖原定性方法。

二、原理

肝糖原是一种高分子化合物，微溶于水，无还原性，与碘作用呈红棕色。提取肝糖原时，可将新鲜的肝组织与洁净砂及三氯醋酸共同研磨，当肝组织被充分破碎，其中蛋白质即被三氯醋酸沉淀，而肝糖原则留于溶液中。上清液中的糖原可借加入乙醇而沉淀。将沉淀的肝糖原溶于水中，取一份与碘呈色反应，另一部分经酸水解成葡萄糖后，再用班氏试剂检查葡萄糖的还原性。

三、器材

研钵，离心管，沸水浴，离心机。

四、试剂和材料

5%三氯醋酸（5mL 三氯醋酸，95mL H_2O），95%乙醇（95mL 无水乙醇，5mL H_2O），20% NaOH（20g 固体 NaOH，溶于 H_2O 中，定容至100mL），班氏试剂（将86.5g 柠檬酸钠和50g 无水碳酸钠溶解在400mL 水中。将 8.65g 硫酸铜加入 50mL 水中，加热溶解。待两者冷却至室温，将硫酸铜溶液慢慢倒入前液，同时搅匀，并补足水量至500mL 备用），浓盐酸，稀碘液。

五、操作

（1）杀死小白鼠，立即取出肝脏，迅速用滤纸吸取附着的血液，置研钵中，加入洁净砂少许及 5%三氯醋酸 1mL 研磨。

（2）再加入 5%三氯醋酸 2mL 研磨，直至肝组织已充分成糜状为止，然后倾入离心管中，离心约 3min（2000~3000r/min）。

（3）离心后，小心将离心管上清液倾入另一刻度离心管中，加入等体积的 95%乙醇，混匀后静置 10min，此时肝糖原沉淀析出。

（4）3000r/min 离心 5min，倾去上清液，并将离心管倒置于吸水纸上 1~2min。

（5）向沉淀中加入蒸馏水 1mL，用细玻璃棒轻轻搅拌沉淀至溶解，即成肝糖原溶液。

（6）取试管 2 支，一支加入肝糖原溶液 10 滴，另一支加入蒸馏水 10 滴（对照管），然后向两管中各加碘液一滴，混匀，比较两管溶液的颜色。

（7）在剩余的肝糖原溶液中加入 3 滴 HCl，置于沸水浴中加热 10min，用自来水冷却，

然后以 20% NaOH 中和至中性。再加班氏试剂 1mL，置于沸水浴中加热 3min，取出用自来水冷却，观察沉淀的生成。

注：肝脏离体后，肝糖原分解迅速，因此将动物杀死取肝后应立即与三氯醋酸共研磨，以破坏肝细胞中能分解糖原的酶类。实验动物必须饱食。

六、实验思考题

（1）阐述肝糖原提取方法的原理。

（2）人体中糖原分为哪两种？

第四部分 生物工程专业实验

实验一　植物组织培养

一、实验目的

（1）了解组织培养在植物细胞工程研究中的重要作用，理解胡萝卜愈伤组织培养的培养方法及条件；熟练掌握配制与保存培养基母液的基本技能。

（2）了解培养基的成分及掌握培养基的配制方法；熟练掌握培养基配制的基本技能，并能根据实验目的设计适合的培养基配方；学会设计和配制胡萝卜愈伤组织、玉米胚芽离体培养基。

（3）熟练掌握无菌操作有关的操作技术、外植体的表面消毒技术和无菌操作技术；组培室常用的化学试剂配制及使用方法；通过 MS（murashige and skoog）培养基母液的配制，掌握配制培养基母液的基本技能及保存方法。

（4）能严格按照操作规程进行无菌操作；对外植体胡萝卜、玉米胚芽进行预处理和正确消毒。

二、实验原理

1958 年，美国科学家斯图乐德取胡萝卜韧皮部的一些细胞，放入含有植物激素、无机盐和糖类等物质的培养液中培养，结果这些细胞旺盛地分裂和生长，形成一个细胞团块，继而分化出根、茎和叶，移栽到花盆后，长成了一株新的植物。

植物组织培养的原理是建立在植物细胞的全能性基础上的，所谓全能性是指任何有完整的细胞核的植物细胞拥有形成一个完整植株所必需的遗传信息，理论上都能发育成为一棵植株。除受精卵能发育成胚外，植物的体细胞，雌配子、雄配子体都能发育成胚，最终发育成完整的植株。在适宜的条件下，受伤组织（外植体）切口表面不久即能长出一种脱分化的组织堆块，称为愈伤组织（callus），此种愈伤组织在适当的培养基上经一定时间即能诱导生长成整株植物。

外植体→灭菌→接培养基→诱导愈伤组织→诱导生根发芽→植株→移栽。

三、实验流程

（1）实验总体流程：MS 母液培养基的配制与保存→（胡萝卜、玉米胚芽）愈伤组织诱导培养基的配制→（胡萝卜、玉米胚芽）愈伤组织诱导培养基的分装→（胡萝卜、玉米胚芽）愈伤组织诱导培养基的灭菌（高压蒸汽灭菌 121℃灭菌 30min）→取材及材料的消毒灭菌→接种与培养→每天观察并拍照、记录生长情况→实验结果分析。

（2）无菌操作流程：实验室、无菌操作台紫外杀菌（紫外灯+风机 20min 后关闭紫外灯并保持风机吹风状态）→用 75%酒精棉球将超净工作台及实验操作人员双手进行消毒→实验器材灭菌（镊子、解剖刀 75%浸泡，在酒精灯上灼烧）→无菌接菌操作→接种器材消毒→整理实验台面→打扫卫生。

（3）外植体消毒流程：无菌水、漂洗瓶、培养皿、刀片、镊子等金属器具经过高温高压灭菌摆放到超净工作台上→配制70%~75%灭菌剂（酒精）后摆放到超净工作台上→外植体取材（胡萝卜3~5mm薄片、玉米胚芽）→无菌条件下，75%灭菌剂（酒精）表面消毒30~60s（时间过长杀死外植体细胞）→无菌水反复漂洗（3~5次）至净→备用。

（4）外植体接种流程：锥形瓶斜靠近酒精灯火焰→拨出棉塞放在灭菌的培养皿上→锥形瓶瓶口在酒精灯火焰上旋转灼烧数秒钟→用无菌的镊子将消毒备用的外植体均匀地放在培养基上→棉塞、锥形瓶瓶口在火焰上灼烧几圈（注意别把棉塞点燃，不要碰到瓶口、棉塞等关键部位）→塞好棉塞→放入光照培养箱培养。

四、实验器材

（1）药品：MS基本培养基、次氯酸纳、2，4-D（生长素）、NAA（萘乙酸，植物生长调节剂）、6-BA（6-苄氨基嘌呤，细胞分裂素）、75%酒精等（贴好标签，注明各培养基母液的名称、浓缩倍数、日期、配制者姓名）。

（2）仪器设备：高压蒸汽灭菌锅、超净工作台、恒温培养箱、光照培养箱、pH试纸、电子天平、微波炉、恒温振荡器、微型吸液管、漏斗、塑料量筒（100mL、250mL）、塑料量杯（500mL、1000mL）、培养皿、烧杯（50mL、100mL、500mL、1000mL），三角瓶（25mL、50mL、100mL、250mL），酒精灯、玻璃棒、棉花塞、牛皮纸、称量纸、线绳、牛皮筋、长剪刀、解剖刀、长镊子、接种针、滤纸、研钵等。

（3）材料：玉米、胡萝卜贮藏根。

五、实验步骤

（1）按照表1分别配制母液，并在4℃冰箱中保存。

（2）植物激素配制：称取10mg NAA，加入少量酒精，并加水定容50mL（浓度为0.2mg/mL）；用同样的方法配制2，4-D母液。称取50mg 6-BA，加少量的1mol/L HCl，使其充分溶解，然后加水至50mL（浓度为1mg/mL）。

（4）MS基本培养基的配制：分别吸取MS贮备液各50mL（大量元素）、10mL（微量元素、铁盐、有机），加入1000mL的烧杯中，然后称取蔗糖30g，加蒸馏水定容到1000mL。

（5）不同激素浓度培养基的配制：取100mL烧杯数个，分别吸取所需的激素溶液，然后加入MS基本培养（激素浓度为1mg/L），搅拌均匀后，用10%的NaOH调节pH值至5.8。将配制好的培养基分装30mL到100mL的锥形瓶中，分装的锥形瓶中加入2%的剪碎琼脂，塞上棉花塞，并用牛皮纸或报纸包扎，准备灭菌。

（6）将镊子、解剖刀等器具用牛皮纸或报纸包扎。准备灭菌。

（7）将上述物品放入高压蒸汽灭菌锅灭菌。

（8）将灭菌的培养基等物品放到超净工作台，然后按照"外植体消毒流程""外植体接种流程"进行接种。

（9）接种后的锥形瓶于25~30℃的光照培养箱培养（设置白天16h，黑夜8h）14~21天，每天观察并记录组织培养现象。

表1　MS培养基母液配制

母液		成分	规定量/ $(mg \cdot L^{-1})$	扩大倍数 $(\times)$	称取量/ mg	母液体积/ mL	配制1L培养基吸取量/mL
编号	种类						
1	大量元素	KNO_3	1900	20×	38000	1000	50
		NH_4NO_3	1650	20×	33000		
		$MgSO_4 \cdot 7H_2O$	370	20×	6200		
		KH_2PO_4	170	20×	3400		
		$CaCl_2$	332	20×	66400		
2	微量元素	$MgSO_4 \cdot 4H_2O$	22.3	100×	2230	1000	10
		$ZnSO_4 \cdot 4H_2O$	8.6	100×	860		
		H_3BO_3	6.3	100×	630		
		KI	0.83	100×	83		
		$NaMoO_4 \cdot 2H_2O$	0.25	100×	25		
		$CuSO_4 \cdot 5H_2O$	0.025	100×	2.5		
		$CaCl_2 \cdot 6H_2O$	0.025	100×	2.5		
3	铁盐	Na_2EDTA	37.3	100×	3730	1000	10
		$FeSO_4 \cdot 7H_2O$	27.8	100×	2780		
4	维生素	甘氨酸	2.0	50×	100	500	20
		吡哆醇（维生素B_6）	0.5	50×	25		
		硫胺素（维生素B_1）	0.4	50×	20		
		烟酸	0.5	50×	25		
		肌醇	100	50×	5000		

六、示范

由图1可知：2号瓶内的胡萝卜愈伤组织长势良好，1、3和4号瓶内胡萝卜均被污染。其中，1号明显长菌，3号瓶培养基呈浮云状，4号培养基已发黑。其他实验结果见图2~图4。

图1　胡萝卜愈伤组织诱导培养结果（从左到右1~4）

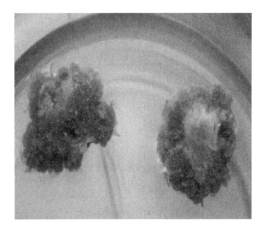

图 2　长势良好的愈伤组织

图 3　左侧无污染，右侧污染

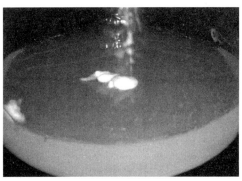

Day 1

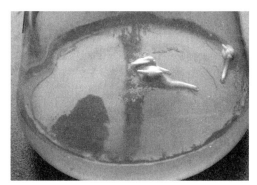

Day 2

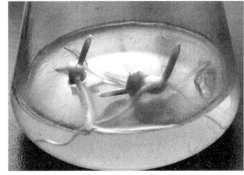

Day 3

Day 6

图 4　玉米胚芽组织培养

七、实验结果与分析

实验结果与分析填入表 2、表 3。

表 2　胡萝卜愈伤组织诱导结果统计

姓名		学号	
总接种瓶数		总接种块数	
污染瓶数		污染块数	
未污染瓶数		未污染块数	
未污染块中愈伤组织发生块数		愈伤组织发生率	
愈伤组织发生情况（文字描述+照片）			
记录污染情况及原因分析			

表 3　玉米胚芽组织诱导结果统计

姓名		学号	
总接种瓶数		总接种块数	
污染瓶数		污染块数	
未污染瓶数		未污染块数	
未污染块中愈伤组织发生块数		愈伤组织发生率	
愈伤组织发生情况（文字描述+照片）			
记录污染情况及原因分析			

八、心得体会

九、思考题

（1）植物组织培养在生产上的应用。

（2）植物组织培养中需要的环境条件。

（3）生长素与细胞分裂素在组织培养过程中的作用和相互关系。

（4）外植体消毒的过程。

（5）试分析植物组织培养过程中哪些操作步骤可能引起污染？

附录 1 植物组织培养培养基

化学合成培养基大致由 6 种成分组成：糖类；多种无机盐类；微量元素；氨基酸、酰胺、嘌呤；维生素；生长素。此外，有些培养基还可添加天然的汁液，如椰子汁、酵母提取液、水解酪蛋白、麦芽浸出液等，培养基中如加入 1.5%~2% 的琼脂即为静止培养的固体培养基，否则为悬浮培养的液体培养基。不同植物材料常需要改变配方，如维持生长和诱导细胞分裂和分化的培养基配方就不同，因此配方的种类很多，目前以 MS 培养基配方为最常用的一种基本培养基，它利于一般植物组织和细胞的快速生长。

在进行组织培养研究时应根据研究目的和培养植物的种类来确定培养基的组成，除营养、诱导作用外还应当注意离子平衡和毒性问题，如水一般都采用重蒸馏水，无机盐类一般都需用化学纯的药品，有时可以用普通药品代替，但须注意这些药品不仅应有营养价值，还须无毒。如果在工业上使用大缸深层培养细胞或组织生产有效成分和生物制品、应用培养基的量将要以吨位计量时，则采用哪种代用品较为经济实用更应慎重考虑。

调节培养基的酸碱性至 pH 值为 5.8，由于培养基的 pH 值直接影响到培养物对离子的吸收，因而过酸或过碱都对植物材料的生长有很大的影响。此外，pH 值还影响到琼脂培养基的凝固情况。所以，当培养基配制好后应立即进行 pH 值的调整。培养基若偏酸时用氢氧化钠（1mol/L）来调节，若过碱就用盐酸（1mol/L）来调整。当 pH 值高于 6.0 时，培养基将会变硬；当 pH 值低于 5.0 时，琼脂不能很好地凝固。

附录 2 植物组织培养培养条件

（1）温度：对大多数植物组织来说 20~28℃ 即可满足生长所需，其中 26~27℃ 最适合。

（2）光：组织培养通常在散射光线下进行。光的影响可导致不同的结果。有些植物组织在暗处生长较好，而另一些植物组织在光亮处生长较好，但由愈伤组织分化成器官时，则每日必须要有一定时间的光照才能形成芽和根，有些次生物质的形成，光是决定因素。

（3）渗透压：渗透压对植物组织的生长和分化有重要影响。在培养基中添加食盐、蔗糖、甘露醇和乙二醇等物质可以调整渗透压。通常 1~2 个大气压可促进植物组织生长，2 个大气压以上时，出现生长障碍，6 个大气压时植物组织即无法生存。

（4）酸碱度：一般植物组织生长的最适宜 pH 值为 5~6.5。在培养过程中 pH 值可发生变化，加进磷酸氢盐或二氢盐，可起稳定作用。

（5）通气：悬浮培养中细胞的旺盛生长必须有良好的通气条件。小量悬浮培养时经常转动或振荡，可起通气和搅拌作用。大量培养中可采用专门的通气和搅拌装置。

附录 3 植物组织培养材料和方法

从低等的藻类到苔藓、蕨类、种子植物等高等植物的各类、各部分都可作为组织培养的材料，一般裸子植物多采用幼苗、芽、韧皮部细胞，被子植物采用胚、胚乳、子叶、幼苗、茎尖、根、茎、叶、花药、花粉、子房和胚珠等各个部分。不同的植物组织，培养的难易程度差别很大。例如，烟草和胡萝卜组织培养较为容易，而枸杞愈伤组织的芽诱导就比较难。因此，植物材料的选择直接关系到实验的成败。对于同一种植物材料，材料的年龄、保存时间的长短等也会影响实验结果。

由于植物在自然条件下，表面常被霉菌和细菌污染，故材料必须进行灭菌处理。一般用漂白粉溶液（1%~10%）、次氯酸钠溶液（0.5%~10%）、升汞溶液（0.01%）、乙醇（70%）或过氧化氢（3%~10%）等处理后，再用无菌水反复冲洗至净，然后在无菌室内，将所取的组织迅速培养在固体培养基上。在适宜的条件下，受伤组织切口表面不久即能长出一种脱分化的组织堆块，称为愈伤组织（callus），此种愈伤组织在适当的培养基上经一定时间即能诱导生长成整株植物，因此愈伤组织既可是某种植物代谢产物的来源，又是诱导成株的主要途径之一。

在适宜的培养条件下，还可使愈伤组织长期传代生存下去，这种培养称为继代培养。但在继代培养中，不少植物培养的组织或细胞随着再培养代数的增加，分化能力逐渐降低甚至丧失，其原因可能是由于在培养过程中原有母体中存在的、与器官形成有关的特殊物质被逐渐消耗所致，因此可以用激素或改善营养条件使之恢复，也有人认为是组织和细胞在长期培养中遗传性的改变，主要是染色体的变化，出现大量多倍性或非整倍性细胞，这种改变恢复的可能性较小。不同的培养基可以使愈伤组织具有不同的生长速度，结构也可松可紧，利用这些特性可使之分散成为单细胞或很小的细胞团。要形成单细胞培养宜在较高盐分、高生长素及高水解酪蛋白的培养基中进行，然后移入液体并经搅拌而分散成单细胞。也有用加入果胶酶的办法，但一般来说要得到纯一的单细胞是很难的。在培养药用植物选材时，还应考虑到所需要的次生物质在植物体中的合成部位，如果选材和培养方法适当，可使原植物内所产生的代谢物通过细胞或组织培养发生生化转变而获得。

通过组织培养可获得有效成分，但实际上只有大量培养成功才有经济价值。因此在生产上常采用悬浮培养法来代替含有琼脂的固体培养基。愈伤组织悬浮培养的生长通常比静止培养快，这是由于悬浮培养时营养成分可较快地渗入细胞，抑制生长的代谢废物可较快地除去，同时供氧情况也较好，在进行这种培养时要注意通气与定期更新营养液，这是保证生长稳定、次生物质产量高的关键之一。

附录4　培养基的配制

配制培养基最方便的方法是预先配制不同组分的培养基母液，贮藏在冰箱，待使用时取出，按比例稀释。配制母液时为了减少工作量可以把几种药品配在同一母液中，但是应该注意各种化合物的组合以及加入的前后顺序，以免发生沉淀。通常的作法是把每种试剂单独溶解后再加入后一种化合物。混合已溶解的各种矿质盐时还应该注意加样顺序，以免发生沉淀。

铁盐单独配制，其配法为5.57g的硫酸亚铁（$FeSO_4 \cdot 7H_2O$）和7.45g乙二胺四乙酸二钠（Na_2-EDTA）溶于1L水中，用时每配1L培养基，取该溶液5mL。

植物生长调节物质是培养基中的关键物质，对植物组织培养起着重要、明显的调节作用。植物生长调节物质包括生长素、细胞分裂素及赤霉素等。生长素类常用的有2,4-二氯苯氧乙酸（2，4-D）、萘乙酸（NAA）、吲哚丁酸（IBA）、吲哚乙酸（IAA）等。它们作用的强弱顺序为2，4-D>萘乙酸≥吲哚丁酸>吲哚乙酸。吲哚乙酸为天然植物生长素，也可用化学方法合成，但它见光易分解，高温高压时也易被破坏，故应置于棕色瓶中，在4~5℃下保存。萘乙酸和2，4-D都是人工合成的物质，它们在120℃下仍然稳定。细胞分裂素常用的有激动素（KT）、6-苄基嘌呤（6-BA）、玉米素（ZT）和2-异戊烯腺嘌呤等。它们作用强弱的顺序为玉米素＝2-异戊烯腺嘌呤>6-苄基嘌呤>激动素。它们经高温高压灭菌后性能仍稳定，只是激动素受光易分解，故应在4~5℃低温、黑暗下保存。细胞分裂素有促进细胞分裂和分化、延迟组织衰老、增强蛋白质合成、抑制顶端优势、促进侧芽生长及显著地改变其他激素作用的特点。赤霉素在组织培养中使用的只有GA3一种，它是一种天然产物，能促进已分化的芽伸长生长。其他如脱落酸（ABA）、乙烯利及三十烷醇也常有使用。通常认为生长素和细胞分裂素的比值大时有利于根的形成；比值小时，则有利于芽的形成。低浓度2，4-D有利于胚状体的分化，但妨碍胚状体进一步发育。萘乙酸有利于单子叶植物的分化。吲哚丁酸诱导生根效果最好。故应根据植物的种类和培养部位，选择适宜的生长调节物质的种类和浓度，才能有效地控制器官的分化。常用的生长抑制剂有矮壮素（2-氯乙基三甲基氯化铵）、B₉（N，N-二甲琥珀酰胺酸）、多效唑（PP333）、优康唑（S3307）等，用于种质保存和块茎的诱导。

对于植物生长调节物质，一般配制成0.5mg/mL母液。由于植物生长物质难溶于水，因此配法各不相同，IAA、IBA、NAA等可用少量的乙醇溶解，然后加水定容。2，4-D可用1mol/L的NaOH溶解然后再定容；KT和6-BA应先定容于少量的1mol/L的HCl中，再加水定溶。玉米素应该溶于95%的乙醇中再定容。

附录5　高压蒸汽灭菌法和消毒方法

灭菌的方法有多种，主要有干热灭菌、高压蒸汽灭菌、巴斯德消毒法、过滤灭菌以及紫外线照射、化学药剂喷雾或熏蒸法灭菌等。其中玻璃器皿一般采用干热灭菌，培养基可采用高压蒸汽灭菌，对某些不耐高温的培养基可采用巴斯德消毒法、间歇灭菌或者过滤灭菌。无菌室等一般采用紫外线照射、化学药剂喷雾或熏蒸法灭菌。

高压蒸汽灭菌法：见灭菌锅附近张贴的操作说明书。

紫外线灭菌：接种室常用紫外灯做空气灭菌。为了加强紫外线的灭菌效果，在开灯之前可在接种室内喷洒石炭酸溶液，一方面可使附着有微生物的沉埃降落；另一方面也可以杀死一部分细菌。接种室的桌面、坐凳等可用2%~3%的来苏尔擦洗，然后开紫外灯照射20~30min。

接种时要注意以下事项。

（1）工作人员要避免紫外灯的照射，做实验时将紫外灯关闭。

（2）移入培养基时，打开封口，封口纸要小心摆正，不能乱丢乱放，最后封口膜一定要绑好。

（3）镊子用手拿住上端，不能去拿下端，接种时瓶口应倾斜45°，以免手、镊子上的脏物掉到三角瓶里。

（4）整个操作过程要尽量在超净工作台的无菌范围内进行。

（5）禁止操作时正面大声讲话。

（6）无菌操作，材料经消毒后，即认为是消毒干净，此后的操作中的用具要求无菌。为防止染菌，手要用酒精擦干净；镊子和刀经常在火焰上烧；锥形瓶、手不要放在盛材料的培养皿上方。

（7）在植入或移植材料的前后，培养瓶的瓶口需在酒精灯上火烧灭菌。

（8）使用的镊子、解剖刀等用90%的酒精浸泡，之后放在酒精灯上烧火灭菌，再放在灭菌支架上冷却使用。

（9）废液处理。酒精要回收，废液使用后应按要求放到指定位置。

（10）实验材料大小要适中，不宜太大或太小。

（11）接种时，动作要轻，力度适中。不要把接种的切块压入培养基里面，以致破坏培养基。

（12）操作期间应经常用70%~75%的酒精擦拭工作台和双手；接种器械应反复在的酒精中浸泡和在火焰上消毒。

实验二　真核细胞染色体 DNA 的制备

一、实验目的

DNA 是遗传信息的载体和基本遗传物质，它在遗传变异、代谢调控等方面起着重要作用，是分子生物学和基因工程研究的对象，但无论是研究植物 DNA 的结构和功能，还是开展外源 DNA 的转化、转导的研究，首先要做的就是从植物组织中提取天然状态的高分子量的纯化 DNA。因此，本实验的目的是学习植物基因组 DNA 提取方法、原理。

二、实验原理

核酸是广泛存在的一类生物高分子物质。在真核生物中，DNA 主要存在于细胞核中，核外也存在少量。RNA 主要存在于细胞质中，以核糖体中含量最多，核内 RNA 主要存在于核仁中。

生物体内大分子核酸往往是与蛋白质结合，以核蛋白（或复合物）形式存在。因而在制备核酸时须先将组织（或细胞）匀浆（或碎碎），使之释放出核蛋白，然后用蛋白质变性剂如苯酚、氯仿等，去垢剂如十二烷基磺酸钠（SDS）、4-氨基水杨酸等，或用蛋白酶处理除去蛋白质，以使核酸与蛋白质分离，从而将核酸提取出来。由于核酸大分子极不稳定，在比较激烈的物理、化学因素和酶的作用下，很容易引起降解，同时由于热变性和张力剪切作用，使核酸失去生物活性。因此，为了得到高分子的天然核酸，在制备时应尽量采用温和条件，避免过酸、过碱、激烈搅拌及其他能引起核酸降解/变性的因素作用。在提取过程中为了防止组织及细胞中广泛存在的核酸降解酶类的作用和热变性作用，全部操作应在低温状态下（冰）进行，同时宜加入核酶抑制剂/去垢剂，以抑制降解酶类的作用，如乙二胺四乙酸（EDTA）、柠檬酸盐、SDS、焦碳酸二乙脂（DEP）、异硫青酸胍（GITC）等。如果采用 SDS 和苯酚来分离核酸，它们既能使核蛋白解聚，将核酸释放出来，同时也能抑制核酸降解酶类的作用，因而能取得较好的分离纯化效果。由于苯酚能使蛋白质变性，从而抑制/破坏了核酸酶的活性，并且操作过程比较温和，故可制备出纯度较高的核酸。

CTAB（十六烷基三甲基溴化铵，cetyl trimethyl ammonium bromide，CTAB）：是一种阳离子去污剂，可溶解细胞膜，能与核酸形成复合物，具有从低离子强度溶液中沉淀核酸的特性。在高盐溶液中（>0.7mol/L NaCl）CTAB-核酸复合物是可溶的；当降低溶液盐浓度到一定程度（0.3mol/L NaCl）时，CTAB-核酸复合物从溶液中沉淀，通过离心就可将 CTAB-核酸复合物与蛋白、多糖类物质分开，再经过有机溶剂抽提，进一步去除蛋白质、多糖、酚类等杂质；最后通过无水乙醇或异丙醇沉淀 DNA，而 CTAB 溶于乙醇或异丙醇可通过离心而除去。

三、实验流程

植物材料（幼苗或嫩叶子）→研磨（加适量的石英砂）→细胞裂解→离心→弃沉淀，收集上清液（裂解液）→抽提除杂→上层溶液→酒精沉淀→离心收集沉淀→离心洗涤→干燥

（除去酒精）→无菌水溶解 DNA 沉淀→DNA 溶液。

四、仪器与试剂

1. 仪器与试剂

离心机、移液器（及各型号枪头）、烧杯、量筒、研钵、1.5mL 及 2mL 离心管（灭菌）、蒸馏水（灭菌）、研磨缓冲液［即 2×CTAB 提取液：含 CTAB（粉）2%；Tris-HCl（pH 8.0）100mmol/L；EDTA（pH 8.0）20mmol/L］、NaCl 1.4mol/L、氯仿、异戊醇、95% 或无水预冷乙醇、浓盐酸。

2. 试剂配制

（1）1mol/L Tris-HCl（pH 值 8.0）母液 1000mL：121.1g Tris 碱、ddH$_2$O 800mL、HCl 49mL，三者混匀充分溶解后，滴加浓盐酸（注意安全）调 pH 值至 8.0，定容至 1000mL。

（2）0.5mol/L EDTA（pH 值 8.0）母液 500mL：在 400mL 水中加入 90.5g EDTA-Na$_2$·2H$_2$O 搅拌溶解，用 NaOH 调 pH 值至 8.0（约 10g NaOH 颗粒），定容至 500mL。

（3）5mol/L NaCl 500mL：称取 146.1g NaCl，用 ddH$_2$O 定容到 500mL。

（4）2×CTAB 提取液（pH 值 8.0）：2% CTAB，1.4mol/L NaCl，0.02mol/L EDTA-Na$_2$·2H$_2$O，0.1mol/L Tris-HCl。即称取 CTAB 20g 加蒸馏水 400mL，加 1mol/L Tris-HCl（pH 值 8.0）100mL，0.5mol/L EDTA（pH 值 8.0）40mL 和 5mol/L NaCl 280mL，待 CTAB 溶解后用蒸馏水定容到 1000mL（于室温保存，可在几年内保持稳定；2×CTAB 溶液在低于 15℃ 时会形成沉淀析出，因此在将其加入冰冷的植物材料之前必须预热，且离心时温度不要低于 15℃）。

（5）3mol/L NaAc 500mL：称取 123g NaAc，用 ddH$_2$O 定容到 500mL。

（6）氯仿-异戊醇体积比：24∶1（通风橱配制，棕色瓶子保存。氯仿主要作用于中枢神经系统，具有麻醉作用，对心、肝、肾有损害，氯仿见光容易分解成光气；异戊醇通过吸入、口服或经皮肤吸收有麻醉作用）。

五、实验步骤

（1）称取 2g 幼嫩的叶片，剪碎后放入研钵（液氮或石英砂），加入 3mL 研磨缓冲液（60℃ 水浴预热的 2×CTAB 提取液，CTAB 溶解细胞膜，释放 DNA），然后剧烈研磨，使之成为浆状物（注：在研磨样品时，研磨的粗细程度，提出的 DNA 量可以相差几倍，所以在研磨缓冲液保护的很好的情况下应尽量多研磨几次）。

（2）吸取浆状物 500μL 放入离心管中，加等体积的氯仿-异戊醇（V/V = 24∶1，在通风橱中配制及添加）混合液，盖好盖子，以防液体溅出。65℃ 水浴 30~60min，期间要上下轻轻颠倒混匀 10 次（注：剧烈晃动会使 DNA 机械切割）。

（3）取出离心管，冷却后，加入 500μL 的氯仿：异戊醇（V/V = 24∶1，在通风橱中操作），盖好管盖，上下轻盈地颠倒混匀，9000r/min/min 离心 10min（注：CTAB 配平相对应的离心管），将离心管轻缓地取出，放置于离心管架上（注：离心后混合溶液会形成三层：上层为含有核酸的水相，中层为细胞壁碎片和蛋白相，底层为氯仿）。

（4）用移液枪（注：用剪过的枪头进行操作，过尖的枪头会把 DNA 链弄断），小心吸取上层含有核酸的水溶液装入一新的离心管，动作一定要轻缓，不可搅动其他两层。弃去中间的细胞碎片、变性的蛋白质及下层的氯仿［此步骤宁舍弃不贪多，尽量避免吸取到下层液体；若（3）步骤中间层较厚，则继续加入等体积氯仿：异戊醇（24∶1，*V/V*），9000r/min，离心10min再次抽提一次，直至中间层较薄］。

（5）在抽提出的水相中，加入1/3体积的3mol/L的NaAc及600μL预冷的无水乙醇（-20℃预冷），轻轻混匀后置于-20℃冰箱30min（注：低盐条件CTAB-核酸复合物有絮状物析出，可放入4℃冰箱过夜），使核酸充分沉淀呈絮状（注：CTAB溶于乙醇，而核酸不溶于乙醇，沉淀时间越长，DNA产量越高）。

（6）9000r/min，离心15min，弃上清液，絮状核酸经过离心后沉淀到离心管底部；离心管倒置于吸水纸（卫生纸）上3～5min；向离心管中的核酸沉淀加入700μL 75%的乙醇，轻柔地上下颠倒数次洗涤沉淀。9000r/min离心15min，弃上清液，离心管倒置于吸水纸上晾干（酒精挥发彻底），离心管底部为一层的薄薄DNA。

（7）在离心管中加入50μL灭菌的ddH₂O或者TE溶液，4℃放置数小时，充分溶解核酸沉淀，-20℃冰箱保存。

（8）取少量DNA溶液进行琼脂糖电泳，胶浓度为0.8%，检测其完整性。

（9）用紫外分光光度计测定DNA的纯度及浓度。

以上所有操作均须温和，避免剧烈震荡。

六、示范图

试剂盒提取DNA流程见图1。

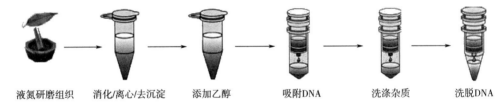

液氮研磨组织　　消化/离心/去沉淀　　添加乙醇　　吸附DNA　　洗涤杂质　　洗脱DNA

图1　试剂盒提取DNA流程图

七、实验结果与分析

分析DNA提取过程中个操作步骤中各种试剂的作用。

八、心得体会

九、思考题

（1）DNA提取有哪些方法？各自的优点是什么？

（2）DNA提取中常用试剂的作用。

（3）离心机、移液枪的使用注意事项。

（4）简述 CTAB 法提取植物 DNA 的原理及注意事项。

附录 1 在 DNA 提取过程中必须始终注意以下几个关键问题

（1）DNA 的二级结构和双链易受多种因素（如强酸、强碱、加热、低盐浓度、有机溶剂、酰胺类、尿素等）的影响引起双链解开，即"变性"，因此抽提时避免使用促使变性的条件。

（2）抑制内外源 DNase 的活力。DNase 就像一把刀，它能把大分子的 DNA 切成碎片，所以要加以杜绝，现可以通过多种途径来做到这一点：低温操作；调节 pH 值，使偏碱（pH 值为 8.0）；抽提液中加表面活性剂；加螯合剂（EDTA）除去酶的辅助因子（Mg^{2+}），使酶活性丧失。

（3）防止化学降解。如过酸或过碱以及其他化学因素，会使 DNA 降解，一般综合考虑，取 pH 值为 8.0 左右为宜。

（4）防止物理因素降解。DNA 分子特别大，其分子量可达 10^{12}D，极易被机械张力拉断，甚至在细管中稍急一些的流动也会使 DNA 断裂，所以在抽提过程中要特别注意这一点，操作过程要尽量简便、温和、减少搅拌次数，也不要剧烈摇动。

（5）植物的次生代谢物（主要是胞质内的多酚类或色素类化合物）对核酸提取有干扰作用。因此，一般尽可能选幼嫩的、代谢旺盛的新生组织作为提取 DNA 的材料，这是因幼嫩的新生组织次生代谢物较少，DNA 含量高，且易于破碎，另外植物材料最好是新鲜的。

附录 2 制备核细胞染色体 DNA 不同方法

酸抽提法：通过蛋白酶 K 和 SDS 消化，破碎细胞，再用苯酚氯仿去除蛋白质。可以产生 100~200kb 的基因组 DNA 片段，经适当剪切后，适用于 λ 噬菌体作为载体的基因组文库的构建。

甲酰胺解聚法：裂解细胞和消化蛋白质的步骤与酸抽提法相同，但不进行酚抽提，而是利用高浓度甲酰胺解聚蛋白质与 DNA 的结合，然后透析处理 DNA 样品。由于提取过程操作步骤少，DNA 分子量一般可达 200kb，经适当处理后，可用于质粒作为载体的基因组文库的构建。

玻璃棒缠绕法：本法用盐酸胍裂解细胞，提取的 DNA 分子量为 80kb 左右，其长度不适于构建基因组文库，但用于 Sourthern 杂交，可得出很好的结果。该法简单快速，可同时提取多个样品。

CTAB 法提取植物叶片细胞 DNA：CTAB（hexadecyltrimethylammonium bromide，十六烷基三甲基溴化铵）是一种阳离子去污剂，具有从低离子强度溶液中沉淀核酸与酸性多聚糖的特性。在高离子强度的溶液中（>0.7mol/L NaCl），CTAB 与蛋白质和多聚糖形成复合物，但是不能沉淀核酸，通过有机溶剂抽提，去除蛋白、多糖、酚类等杂质后加入无水乙醇沉淀即可使核酸分离出来。采用机械破碎植物细胞，然后加入 CTAB 分离缓冲液将 DNA 溶解出来，再经氯仿-异戊醇抽提除去蛋白质，最后得到 DNA。

商用 DNA 试剂盒提取：参考试剂盒说明书。

附录 3　DNA 提取中常用试剂的作用

（1）CTAB 溶液：溶解细胞膜，并结合核酸，使核酸便于分离。

（2）NaCl：提供一个高盐环境，使 DNA 充分溶解，存在于液相中。

（3）EDTA：螯合 Mg^{2+} 或 Mn^{2+} 离子，抑制 DNase 活性。

（4）Tris（pH 值为 8.0）：提供一个缓冲环境，防止核酸被破坏。

（5）β-巯基乙醇（加到 CTAB 溶液中）：是抗氧化剂，有效地防止酚氧化成醌，避免褐变，使酚容易去除。

（6）苯酚：使蛋白质变性，同时抑制了 DNase 的降解作用。用苯酚处理匀浆液时，由于蛋白与 DNA 联结键已断，蛋白分子表面又含有很多极性基团与苯酚相似相溶，蛋白分子溶于酚相，而 DNA 溶于水相。使用酚的优点：有效变性蛋白质；抑制了 DNase 的降解作用。缺点：能溶解 10%～15% 的水，从而溶解一部分 poly（A）RNA；不能完全抑制 RNase 的活性。

（7）氯仿：克服酚的缺点，加速有机相与液相分层。最后用氯仿抽提去除核酸溶液中的迹量酚（酚易溶于氯仿中）。

（8）异戊醇：减少蛋白质变性操作过程中气泡产生。异戊醇可以降低表面张力，从而减少气泡产生。另外，异戊醇有助于分相，使离心后的上层含 DNA 的水相、中间的变性蛋白相及下层有机溶剂相维持稳定。

（9）PVP（聚乙烯吡咯烷酮）：是酚的络合物，能与多酚形成一种不溶的络合物质，有效去除多酚，减少 DNA 中酚的污染；同时它也能和多糖结合，有效去除多糖。

附录 4　基因组 DNA 提取常见问题

（1）DNA 在溶解前，有酒精残留，酒精抑制后续酶解反应。为了让酒精充分挥发，可增加 70% 乙醇洗涤的次数（2～3 次）。

（2）DNA 中有 RNA 的存留，可加入 RNase 降解 RNA。

（3）尽量取新鲜材料，低温保存材料避免反复冻融，液氮研磨或匀浆组织后，应在解冻前加入裂解缓冲液。

（4）在提取内源核酸酶含量丰富的材料的 DNA 时，可增加裂解液中螯合剂的含量。

（5）为避免外源核酸酶污染，所有试剂用无菌水配制，耗材经高温灭菌。

（6）将 DNA 分装保存于缓冲液中，避免反复冻融。

实验三　大肠杆菌基因组 DNA 的提取

一、实验目的

（1）了解常用的细菌总 DNA 制备方法的原理和适用范围。

（2）掌握细菌总 DNA 的操作技术。

二、实验原理

大肠杆菌为革兰氏阴性菌，细胞壁比较薄，十二烷基硫酸钠（SDS）是一种阴离子去垢剂，能够破坏细菌的细胞壁和细胞膜、消除染色体 DNA 上的蛋白质。革兰氏阳性细菌细胞壁较厚，需要先用溶菌酶处理降解细胞壁后，再用 SDS 等表面活性剂处理裂解细胞。提取 DNA 的一般过程是将分散好的组织细胞在含 SDS 和蛋白酶 K 的溶液中消化分解蛋白质，再用酚和氯仿/异戊醇抽提分离蛋白质，得到的 DNA 溶液经乙醇沉淀使 DNA 从溶液中析出。

SDS 能结合蛋白，中和蛋白的电性，使蛋白质的非共价键受到破坏，失去二级结构，从而变形失活。蛋白酶 K 为光谱蛋白酶，其重要特性是能在 SDS 和 EDTA（乙二胺四乙酸二钠）存在的情况下保持很高的活性。在匀浆后提取 DNA 的反应体系中，SDS 可通过失活蛋白破坏细胞膜、核膜，并使组织蛋白和 DNA 分离；而蛋白酶 K 可将蛋白质降解成小肽或氨基酸，使 DNA 分子完整地分离出来。用酚/氯仿/异戊醇抽提除去蛋白质，最后用无水乙醇沉淀 DNA。为获得高纯度 DNA，操作过程中常加入 RNase A 除去 RNA。CTAB（十六烷基三乙基溴化铵）是一种去污剂，可溶解细胞膜，它能与核酸形成复合物，在高盐溶液中（0.7mol/L NaCl）是可溶的，当降低溶液盐浓度到一定的程度（0.3mol/L NaCl）时，CTAB 从溶液中沉淀，通过离心就可将 CTAB-核酸的复合物与蛋白、多糖物质分开。最后通过乙醇或异丙醇沉淀 DNA，CTAB 溶于乙醇或异丙醇而除去。

三、实验流程

大肠杆菌细胞活化培养→对数期大肠杆菌细胞→离心收集细胞→裂解→离心→弃沉淀，收集上清液（裂解液）→酚/氯仿抽提除杂→上层溶液→酒精沉淀→离心收集沉淀→离心洗涤→干燥（除去酒精）→无菌水溶解 DNA 沉淀→DNA 溶液。

四、仪器与试剂

（1）菌种：大肠杆菌。

（2）设备：离心管、微量移液器（20μL、200μL、1000μL）、台式高速离心机、涡旋混合器、水浴锅、高速台式离心机、电热干燥箱等。

（3）试剂：TE 缓冲液、10%（W/V）十二烷基硫酸钠（SDS）、20mg/mL 蛋白酶 K、5mol/L NaCl 溶液、CTAB（十六烷基三甲基溴化铵）/NaCl 溶液、氯仿/异戊醇（$V:V=24:1$）、酚/氯仿/异戊醇（$V:V:V=25:24:1$）、异丙醇、70%乙醇。

五、实验步骤

安全警示：

①苯酚对皮肤、黏膜有强烈的腐蚀作用，注意戴手套操作。如果皮肤沾染上苯酚，用大量水冲洗。

②实验中使用的乙醇、正丁醇等具有挥发性和刺激性，长时间暴露于其中可引起头痛、头晕和嗜睡，手部可发生接触性皮炎。避免在明火边使用。

③按要求将污染的手套、微量离心管等扔在指定的废弃物容器内。

（1）培养 5mL 的细菌培养物至饱和状态，取 1.5mL 的培养物 12000r/min 离心 5min。弃上清。

（2）沉淀物加入 567μL 的 TE 缓冲液，用吸管反复吹打使之重悬。加入 30μL 10% 的 SDS 和 3μL 20mg/mL 的蛋白酶 K，混匀，于 37℃ 温浴 20min。

（3）加入 100μL 5mol/L NaCl，充分混匀，再加入 80μL CTAB/NaCl 溶液，混匀，于 65℃ 温浴 60min。

（4）加入等体积的酚/氯仿/异戊醇，混匀，10000r/min 离心 5min，将上清转入一只新管中。

（5）加入等体积的氯仿/异戊醇，混匀，10000r/min 离心 4min。将上清液转入一个新管中。

（6）加入 0.6 体积异丙醇，轻轻混合直到 DNA 沉淀下来，12000r/min 离心 5min，弃上清，用 75% 乙醇洗涤。

（7）7500r/min 离心 5min，弃上清，自然干燥，重溶于 30μL 的 TE 缓冲液。

（8）对提取的 DNA 进行浓度及质量的测定。

注意事项：

（1）当沉淀时间较短时，用预冷的乙醇或异丙醇沉淀，沉淀会更充分。

（2）沉淀时加入 1/10 体积的 NaAc（pH 值为 5.2，3mol/L），有利于充分沉淀，沉淀后应用 70% 的乙醇洗涤，以除去盐离子等。

（3）晾干 DNA，让乙醇充分挥发（不要过分干燥，要求 5min 内，一般控制在 2min）。

（4）若长期储存建议使用 TE 缓冲液溶解，TE 中的 EDTA 能螯和 Mg^{2+} 或 Mn^{2+} 离子，抑制 DNase，TE 缓冲液 pH 值为 8.0，可防止 DNA 发生酸解。

六、实验结果与分析

分析 DNA 提取过程中各操作步骤中各种试剂的作用。

七、心得体会

八、思考题

（1）简述提取细菌 DNA 的原理及注意事项。

（2）试比较植物细胞、动物细胞、微生物细胞 DNA 的提取有哪些异同？

实验四　DNA 浓度及纯度的测定

一、实验目的

（1）熟练掌握分光光度法检测 DNA 纯度和浓度的方法。

（2）学会分析 DNA 样品浓度、纯度。

二、实验原理

DNA 或 RNA 链上碱基的苯环结构在紫光区具有较强吸收，其吸收峰在 260nm 处。波长为 260nm 时，DNA 或 RNA 的光密度 OD_{260} 不仅与总含量有关，也随构型而有差异。对标准样品来说，浓度为 1μg/mL 时，DNA 钠盐的 $OD_{260}=0.02$。

当 $OD_{260}=1$ 时，dsDNA 浓度约为 50μg/mL

ssDNA 浓度约为 37μg/mL

RNA 浓度约为 40μg/mL

寡核苷酸浓度约为 30μg/mL（由于底物不同而有差异）

当 DNA 样品中含有蛋白质、酚或其他小分子污染物时，会影响 DNA 吸光度的准确测定。一般情况下同时检测同一样品的 OD_{260}、OD_{280} 和 OD_{230}，计算其比值来衡量样品的纯度。经验值：

（1）纯 DNA：$OD_{260}/OD_{280} \approx 1.8$（>1.9，表明有 RNA 污染；<1.6，表明有蛋白质、酚等污染）。

（2）纯 RNA：$1.7<OD_{260}/OD_{280}<2.0$（<1.7 时表明有蛋白质或酚污染；>2.0 时表明可能有异硫氰酸残存）。

（3）OD_{230}/OD_{260} 的比值应为 0.4~0.5 之间，若比值较高说明有残余的盐和小分子如核苷酸、氨基酸、酚等的存在。

若 DNA 样品不纯，则比值发生变化，此时无法用分光光度法对核酸进行定量；同时也会影响酶切和 PCR 的效果。

三、实验流程

紫外分光光度计→预热后设定波长→去离子水→校零→稀释的样品 DNA→测定 230nm、260nm、280nm 波长时的 OD 值→计算浓度与纯度。

四、材料、试剂及器具

（1）材料：第四部分实验二提取的样品 DNA；移液枪、枪头、离心管、烧杯、试管等。

（2）试剂：灭菌去离子水。

（3）器皿：紫外分光光度计、石英比色皿。

五、实验步骤

（1）紫外分光光度计开机预热 15~30min。

（2）设定 230nm、260nm、280nm 波长。

（3）用去离子水洗涤比色皿，吸水纸吸干，加入去离子水，放入样品室的池架上，关上盖板。

（4）按 0Abs 键，设定狭缝后校零。

（5）将标准样品和待测样品适当稀释（DNA 20μL 或 RNA 15μL 用灭菌的去离子水缓冲液稀释至 3000μL）后，记录编号和稀释度。

（6）把装有标准样品或待测样品的比色皿放进样品室的池架上，关闭盖板。

（7）按 START 键，分别测定 230nm、260nm、280nm 波长时的 OD 值。

（8）计算待测样品的浓度与纯度。

六、示范

氨基酸，碱基与碱基的紫外吸收光谱见图 1~图 4。

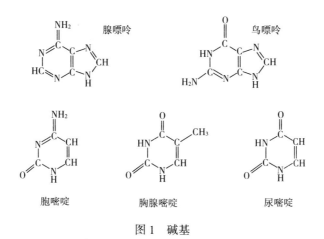

图 1　碱基

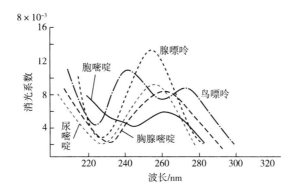

图 2　各种碱基的紫外吸收光谱（pH 7.0）

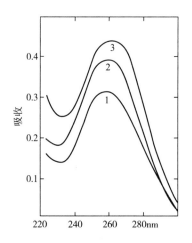

图 3　DNA 的紫外光谱吸收图

1. 天然 DNA　2. 变性 DNA　3. 核苷酸吸附总值

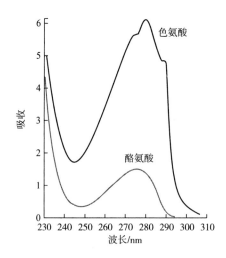

图 4　氨基酸吸收光谱

七、实验结果与分析

DNA 样品稀释操作，DNA 浓度的测定及纯度的判断分别见表 1、表 2。

表 1　DNA 样品稀释操作

操作	稀释浓度 1	稀释浓度 2	稀释浓度 3
	样品 1（重复 3 次）	样品 2（重复 3 次）	样品 3（重复 3 次）
DNA 样品			
加灭菌的无菌水			
定容至			
稀释倍数			

表 2　DNA 浓度的测定及纯度的判断

| Abs 值 | 稀释浓度 1 | | | 稀释浓度 2 | | | 稀释浓度 3 | | | 平均值 |
	样品（重复测定 3 次）			样品（重复测定 3 次）			样品（重复测定 3 次）			
波长 = 260nm										
波长 = 280nm										
波长 = 230nm										

DNA 样品的纯度判定：

DNA 样品的浓度（μg/μL）= OD_{260} 值×稀释倍数×50（μg/mL）/1000

八、心得体会

九、思考题

（1）影响 DNA 质量的操作有哪些？

（2）分光光度计的操作步骤及使用注意事项是什么？

（3）分光光度计测定 DNA 浓度及纯度的原理。

实验五　大肠杆菌 16S rDNA 的 PCR 扩增

一、实验目的

掌握 PCR 反应原理和 PCR 仪的使用方法。

二、实验原理

PCR 技术类似于 DNA 的天然复制过程，其特异性依赖于与靶序列两端互补的寡核苷酸引物。PCR 由变性—退火—延伸三个基本反应步骤构成：

（1）模板 DNA 的变性：模板 DNA 经加热至 94℃ 左右一定时间后，使模板 DNA 双链或经 PCR 扩增形成的双链 DNA 解离，成为单链，以便它与引物结合，为下轮反应做准备。

（2）模板 DNA 与引物的退火（复性）：模板 DNA 经加热变性成单链后，温度降至 55℃ 左右，引物与模板 DNA 单链的互补序列配对结合。

（3）引物的延伸：DNA 模板—引物结合物在 Taq DNA 聚合酶的作用下，温度升至 72℃ 左右以 dNTP 为反应原料，靶序列为模板，按碱基配对与半保留复制原理，合成一条新的与模板 DNA 链互补的半保留复制链。重复循环变性—退火—延伸三过程，就可获得更多的"半保留复制链"，而且这种新链又可成为下次循环的模板。每完成一个循环需 2~4min，2~3h 就能将待扩增的基因扩增放大几百万倍。到达平台期（Plateau）所需循环次数取决于样品中模板的拷贝。

PCR 仪的作用是进行基因扩增，PCR 仪是一个温控设备和一个检测设备，可以进行快速升温和降温。随着科技的进步，出现了不同种类 PCR 仪，其操作不同，功能各异，但基本原理是一致的。

三、实验流程

PCR 反应体系各成分的混匀→设置好 PCR 反应的程序，并运行→完成程序，取样品待备用、检测。

四、实验器材

PCR 仪、移液枪、各型号枪头、离心管、PCR 管，PCR 板，16S rDNA 引物、灭菌蒸馏水等。

五、实验步骤

（1）预变性：94℃ 3min。DNA 一般为双链，首先，需要把它进行解链，从而产生两条单链，让引物结合上去，达到复制的目的。此反应中用的 Taq 酶（嗜热杆菌中提取的 DNA 聚合酶）也是高温启动的，初始的高温适合其在体系中的活性，但是约 15min 的高温会导致其半衰期，从而失去活性，使得反应效率降低，所以高温的时间不宜过长。

（2）充分变性：94℃ 4min。第一次的高温是进行预变性，在每一次的开链中都需要再进行一次变性，从而达到开链的目的，根据片段不同长度而预变性时间不同。

（3）退火：55℃ 40s。退火温度控制在引物和模板链刚好能够结合的温度，使引物和模板链进行结合。温度为37~70℃，引物是个人根据基因片段不同而自行设置的，设计引物的时候会给出相应的参考 T_m 值，一般小于 T_m 值5℃算作本次 PCR 的退火温度。如果不行，则根据具体情况调整，梯度 PCR 进行摸索最佳退火温度。退火温度决定了基因扩增的特异性，如温度太高，则有可能得不到目的基因；若太低，则可以出现多条杂带。

（4）延伸：72℃ 40s。在引物结合在模板上进行合成，复制得到引物起始和模板链尾部的新片段。根据所需片段，自行计算延伸时间，Taq DNA 聚合酶延伸速率为 1~2kb/min。在多次循环以后，得到的片段大多是两个引物控制的部分，即目的片段。在第二步到第四步的过程中每次经过解链、引物结合目的片段、延伸这三个过程，就新生成一次的目的片段，所以按照推测，PCR 产物应该是成对数增长的，即指数增加的过程。但是受酶的活力和反应体系等的影响，并不能保证每一次都能够完全反应，所以 PCR 产物的增长曲线，实际上更接近于细菌的生长期、对数期成熟期和消亡期的增长曲线）。

（5）［2~4 步］设置25~40个循环。循环次数主要与模板的起始数量有关，在模板拷贝数为 10^4~10^5 数量级时，循环数通常为25~35次。PCR 扩增过程后期会出现产物的积累按减弱的指数速率增长的现象。这是由于底物和引物的浓度已经降低，dNTP 和 DNA 聚合酶的稳定性或活性降低，产生的焦磷酸会出现末端产物抑制作用，非特异性产物或引物的二聚体出现非特异性竞争作用，扩增产物自身复性，高浓度扩增产物变性不彻底。

（6）补齐充分延伸：72℃ 6min。因为酶的活力并不是稳定的，实验条件也不一定能够达到标准反应条件，所以酶的效果并不一定能够达到最好的情况，最后设置 7~10min 的补齐延伸，能够让得到产物完整性更加好。

（7）保存：24℃ 2h。PCR 反应过程中的保温温度一般是4℃，但是有时为了机器的保养，国外一般设成10~24℃，这样可以延长仪器的使用寿命，并且对产物没有什么影响。

程序的编写很大程度上取决于 PCR 使用手册、酶的使用说明书、引物 T_m 值，因此参照相关说明书来设置。

（8）设定程序，并试运行。

（9）PCR 反应体系。

细菌 16S rDNA 的 PCR 扩增参照文献［1］。原核生物 16S rDNA 通用引物（8F：5'-AGAGTTTGATCCTGGCTCAG-3'；1492R：5'-GGTTACCTTGTTACGACTT-3'），引物由上海生工合成。PCR 反应体系（50μL）：

ddH₂O 37.75μL；

10×PCR Buffer（Mg²⁺ plus）5μL；

dNTP（各 2.5mmol/L）4μL；

8F/1492R 引物各 1μL；

Taq 酶（5U/μL）0.25μL；

模板 DNA 1μL。

用 96 孔 PCR 反应板在基因扩增仪上进行 PCR 扩增。

六、示范

PCR 反应原理见图 1。常规的 DNA 聚合酶的结构见图 2。

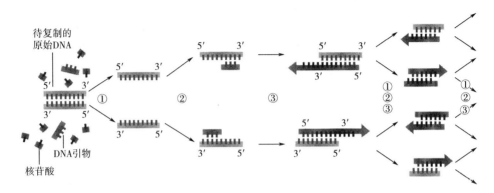

图 1　PCR 反应的原理

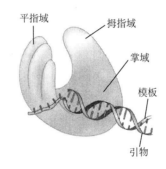

图 2　常规的 DNA 聚合酶的结构示意图

七、实验结果与分析

1. PCR 反应程序及参数设定（表 1）

表 1　PCR 反应程序及参数设定

	程序	时间	温度	循环
PCR 反应程序及参数	1. 预变性			
	2. 变性			
	3. 复性（退火）			程序（　）-（　）
	4. 延伸			循环（　）次
	5. 补充延伸			
	6. 保存			

2. PCR 反应体系（表2）

表 2　PCR 反应体系

	成分	每管	每组 5~6 人
PCR 反应体系 （50μL）	dH₂O	38.5μL	
	10×PCR Buffer（Mg²⁺ plus）	5μL	
	dNTP（各 2.5mmol/L）	4μL	
	8F 引物（10μL）	1μL	
	1492R 引物（10μL）	1μL	
	Taq 酶（5U/μL）	0.5~1μL	

八、心得体会

九、思考题

（1）如果提取的模板 DNA 不纯，对 PCR 扩增结果有哪些影响？

（2）PCR 反应的基本原理及影响 PCR 扩增结果的因素有哪些？

（3）PCR 操作时应注意哪些事项？

（4）试分析 PCR 反应体系中模板核酸的浓度及纯度；引物的质量与特异性；酶的质量；PCR 循环条件对结果的影响。

（5）模板 DNA 的浓度对 PCR 有什么影响，一般要多少浓度？

（6）退火温度过高或是过低，对实验结果有什么影响？

（7）利用 Primer 5 软件设计 PCR 引物，要注意哪些事项？

（8）实时荧光定量 PCR 的原理及应用？

附录　老式 PCR 仪程序设定流程

U1　Cycle 1

　　S1　Tm（时间）= 04：00　T（温度）= 94℃

　　S2　Tm（时间）= 00：00　T（温度）= 0.0　Enter

　　Option No

　　Enter

U2　Cycle 34

　　S1　Tm（时间）= 01：00　T（温度）= 94℃

　　S2　Tm（时间）= 00：50　T（温度）= 55℃

S3　Tm（时间）= 00：40　T（温度）= 72℃

S4　Tm（时间）= 00：00　T（温度）= 0.0　Enter

Option No

Enter

U3　Cycle 1

S1　Tm（时间）= 10：00　T（温度）= 72℃

S2　Tm（时间）= 00：00　T（温度）= 0.0　Enter

Option No

Enter

U4　Cycle（根据自己时间需要设定）

S1　Tm（时间）= 90：00　T（温度）= 24℃

S2　Tm（时间）= 00：00　T（温度）= 0.0　Enter

Option Yes

Enter

Save（对新建的文件命名并保存）

最后检查程序是否正确，如果正确，按 Start 开始。

参考文献

［1］ Valle A，Boschin G，Negri M，et al. The microbial degradation of azimsulfuron and its effect on the soil bacterial community［J］. Journal of Applied Microbiology，2006，101（2）：443-452.

实验六　细菌质粒 DNA 的提取

一、实验目的

（1）通过细菌质粒 DNA 的提取，掌握共价闭合环状 DNA 的提取方法。
（2）掌握平板法分离单菌落、菌株的保存和复苏。
（3）掌握紫外分光光度法测定 DNA 含量的方法，熟练操作 DNA 电泳方法。

二、实验原理

　　质粒是一种染色体外的稳定遗传因子，为双链闭合环状 DNA 分子，具有自己复制和转录能力，可表达其携带的遗传信息质粒在细胞内的复制一般分为严紧型和松弛型两种。严紧型质粒只在细胞周期的一定阶段进行复制，每个细胞内只含有 1 或几个拷贝；松弛型质粒在整个细胞周期中随时可以复制，在细胞里为多拷贝。基因工程操作中所用的载体质粒均为松弛型质粒。所有分离质粒 DNA 的方法都包括三个基本步骤：培养细菌使质粒扩增、收集和裂解细菌、分离和纯化质粒 DNA。在 pH 12.0~12.6 的碱性环境中，细菌的线性大分子量染色体 DNA 变性分开，而共价闭环的质粒 DNA 虽然变性但仍处于拓扑缠绕状态。将 pH 调至中性并在高盐和低温的条件下，大部分染色体 DNA、大分子量的 RNA 和蛋白质在去污剂 SDS 的作用下形成沉淀，而质粒 DNA 仍然为可溶状态。离心可除去大部分细胞碎片、染色体 DNA、RNA 及蛋白质，质粒 DNA 留在上清中，然后用酚、氯仿抽提进一步纯化质粒 DNA。

　　纯化质粒 DNA 的方法通常是利用了质粒 DNA 相对较小及共价闭环两个性质。例如，氯化铯-溴化乙锭梯度平衡离心、离子交换层析、凝胶过滤层析、聚乙二醇分级沉淀等方法。但这些方法相对昂贵或费时。对于小量制备的质粒 DNA，经过苯酚、氯仿抽提，RNA 酶消化和乙醇沉淀等简单步骤去除残余蛋白质和 RNA，所得纯化的质粒 DNA 已可满足细菌转化、DNA 片段的分离和酶切、常规亚克隆及探针标记等要求，故在实验室中常用。

　　琼脂糖凝胶电泳是分离、鉴定和纯化 DNA 片段的标准方法之一。琼脂糖是从海藻中提取出来的一种线状高聚物，将其熔化在所需缓冲液中使成清澈、透明的溶液，然后倒入胶模令其固化。不同浓度的琼脂糖形成的固体基质具有不同的密度（或孔隙度），因此适宜分离不同大小的 DNA 片段。在电场中，DNA 分子主要因其分子大小不同而被分离。在 pH 值为 8.0~8.3 时，核酸分子碱基几乎不解离，磷酸全部解离，核酸分子带负电，在电泳时向正极移动。采用适当浓度的凝胶介质作为电泳支持物，在分子筛的作用下，使分子大小和构象不同的核酸分子泳动率出现较大的差异，从而达到分离核酸片段检测其大小的目的。核酸分子中嵌入荧光染料（如 EB）后，在紫外灯下可观察到核酸片段所在的位置。

三、实验器材

（1）材料：含有质粒的大肠杆菌菌液、玻璃试管（15mL）及塞子、离心管（1.5mL）等。
（2）仪器：超净工作台，培养箱，摇床，恒温水浴锅，台式离心机，移液器及枪头，低温冰箱，冷冻真空干燥机，电泳仪，水平电泳槽，凝胶成像系统。

（3）试剂：溶液Ⅰ（高压灭菌）：50mmol/L 葡萄糖，25mmol/L Tris. Cl（pH 8.0），10mmol/L EDTA（pH 8.0）；溶液Ⅱ（现用现配）：2mol/L NaOH，10% SDS（十二烷基硫酸钠），NaOH∶SDS∶ddH₂O＝1∶1∶8；溶液Ⅲ：5mol/L 乙酸钾 60mL，冰乙酸 11.5mL，去离子水 28.5mL；50×TAE 电泳液：242g Tris，57.1mL 乙酸，100mL 0.5 EDTA pH 8.0；加样缓冲液：0.25%溴酚蓝，40%蔗糖水溶液。

四、实验步骤

1. 细菌活化及扩繁

第 1 天晚上吸取含质粒的菌液 50μL，转移入 50mL LB（加入相应抗生素），37℃，过夜振荡（200r/min）培养。

2. 菌体收集

第 2 天早晨将过夜培养的菌体（对数生长期菌体）转入 1.5mL 离心管，5000r/min 离心 30s，弃上清，收集菌体沉淀，尽量使菌体干燥。

3. 碱裂解法提取质粒 DNA

（1）将上述菌体沉淀重悬于 100μL 冰预冷的溶液Ⅰ中，剧烈震荡（须使沉淀完全分散）（溶液Ⅰ中的葡萄糖：悬浮细胞；EDTA 可抑制 DNAase 活性）。

（2）加入 200μL 溶液Ⅱ，盖紧管口，轻柔颠倒离心管 5~10 次，该过程应小于 5min（NaOH：溶解细胞膜，释放 DNA；SDS：与染色体 DNA、大分子量的 RNA 和蛋白质结合并沉淀）。

（3）加入 150μL 冰预冷的溶液Ⅱ，盖紧管口，温和地颠倒离心管 5~10 次，该过程大于 5min〔乙酸钾和 SDS 反应生成 PDS（十二烷基硫酸钾），沉淀蛋白，同时体积较大的染色体 DNA 也一起沉淀；冰乙酸：中和 NaOH〕。

（4）用离心机以 12000r/min 离心 5 分钟，将上清转移到另一离心管中。

（5）加入 RNase H 至终浓度，55℃消化 30min。

（6）加等量酚/氯仿，振荡混匀，以 12000g 离心 2min，将上清转移到另一离心管中。

（7）加入 2 倍体积的无水乙醇，充分混匀，室温放置沉淀质粒 DNA 2min（若沉淀不充分，可加入 1/10 体积 3mol/L 的醋酸钠）；12000r/min 离心 5min，弃上清，收集沉淀。

（8）沉淀用 1mL 预冷的 75%乙醇洗涤，用微量离心机以 12000r/min 离心 5 分钟。

（9）弃去上清液，尽量除尽管内液体。在空气中使核酸沉淀干燥。

（10）将沉淀重新溶解在无菌水或 TE 溶液中，贮存于-20℃备用。

4. 注意事项

（1）质粒的选取，尽量选择较小的松弛型质粒。

（2）提取过程应尽量保持低温。

（3）溶液Ⅱ不可冷冻，现配现用，加入溶液 2 后不要剧烈振荡，只需轻轻颠倒几次离心管。复性时间不宜过长，一般是 5min，否则会使染色体复性。

（4）沉淀 DNA 通常使用冰乙醇，在低温条件下放置时间稍长可使 DNA 沉淀完全。沉淀 DNA 也可用异丙醇（一般使用等体积），且沉淀完全，速度快，但常把盐沉淀下来，所以多数还是用乙醇。

（5）应用 TE 缓冲液溶解沉淀是为了在用苯酚、氯仿抽提时，减少 DNA 的损失。

（6）50%的乙醇可溶解 DNA，故应该注意 70%的乙醇盖子是否完好，否则稀释的乙醇有可能将所获得 DNA 溶解掉。

5. 质粒 DNA 的电泳检测

（1）琼脂糖凝胶板的制备。配制 1%琼脂糖–TAE 凝胶液，待琼脂糖完全溶解并冷却至 65℃左右，小心倒入有机玻璃内槽，控制灌胶速度，使胶液缓慢展开，直到在整个有机玻璃板表面形成均匀的胶层。凝胶室温下静置 1h 左右，待凝固完全后，将铺胶的有机玻璃内槽放在电泳槽中待用。

（2）加样。在电泳槽中注入 TAE 稀释液，没过整个胶面，拔下加样梳。向 DNA 样品中加入 1/10 体积的加样缓冲液（0.25%溴酚蓝，40%蔗糖水溶液），充分混匀，用微量加样器将 DNA 样品加入加样孔中。可在相隔加样孔中加入 DNA marker，以估计 DNA 条带分子量。

（3）电泳。加完样品的凝胶板立即通电，进行电泳，电场强度不高于 5V/cm。当指示剂移动到距离胶板下沿约 1~2cm 处，停止电泳。

（4）观察。电泳凝胶用 EB（溴乙锭）染色（可提前加入琼脂糖凝胶液中），在波长为 254nm 的紫外灯下，观察染色后的电泳凝胶。紫外光激发 30 秒左右，肉眼可观察到清晰的条带。在紫外灯下观察时，应戴上防护眼镜或有机玻璃防护面罩，避免眼睛遭受强紫外光而损伤。

（5）质粒检测。电泳检测：质粒电泳一般有三条带，分别为质粒的超螺旋、开环、线型三种构型。吸光值检测：采用分光光度计检测 260nm、280nm 波长吸光值，若吸光值 260nm/280nm 的比值介于 1.7~1.9，说明质粒质量较好：1.8 为最佳；低于 1.7 说明有蛋白质污染；大于 1.9 说明有 RNA 污染。

五、实验结果与分析

六、心得体会

七、思考题

（1）思考本实验的关键步骤是什么？
（2）为什么说碱裂解法提取质粒的关键是把握 SDS–NaOH 处理的时间？
（3）为什么用无水乙醇沉淀 DNA？
（4）在用乙醇沉淀 DNA 时，为什么一定要加 NaAc 或 NaCl 至最终浓度达 0.1~0.25mol/L？

实验七　大肠杆菌感受态细胞的制备和转化

一、实验目的

（1）掌握感受态的制备和转化的原理。

（2）学习大肠杆菌感受态细胞的制备方法。

（3）为重组子的转化做准备。

二、实验原理

所谓的感受态即指受体（或者宿主）最易接受外源 DNA 片段并实现其转化的一种生理状态，它是由受体菌的遗传性状所决定的，同时也受菌龄、外界环境因子的影响。本实验采用 $CaCl_2$ 制备大肠杆菌的感受态细胞，Ca^{2+} 也可大幅促进转化的作用。细胞的感受态一般出现在对数生长期，新鲜幼嫩的细胞是制备感受态细胞和进行成功转化的关键。制备出的感受态细胞暂时不用时，可加入占总体积 15% 的无菌甘油或 -70℃ 保存。

在自然条件下，很多质粒都可通过细菌接合作用转移到新的宿主内，但在人工构建的质粒载体中，一般缺乏此种转移所必需的 *mob* 基因，因此不能自行完成从一个细胞到另一个细胞的接合转移。如需将质粒载体转移进受体细菌，需诱导受体细菌产生一种短暂的感受态以摄取外源 DNA。转化（transformation）是将外源 DNA 分子引入受体细胞，使之获得新的遗传性状的一种手段，它是微生物遗传、分子遗传、基因工程等研究领域的基本实验技术。在基因克隆技术中，转化特指将质粒 DNA 或以其为载体构建的重组 DNA 导入细菌体内，使之获得新的遗传特性的一种方法。它是微生物遗传、分子遗传、基因工程等研究领域的基本实验技术之一。受体细胞经过一些特殊方法（如电击法，$CaCl_2$ 等化学试剂法）处理后，使细胞膜的通透性发生变化，成为能容许外源 DNA 分子通过的感受态细胞。进入细胞的 DNA 分子通过复制、表达实现遗传信息的转移，使受体细胞出现新的遗传性状。

大肠杆菌的转化常用化学法（$CaCl_2$ 法）。其原理是细菌处于 0℃，$CaCl_2$ 的低渗溶液中，细菌细胞膨胀成球形，转化混合物中的 DNA 形成抗 DNase（DNA 酶）的羟基钙磷酸复合物黏附于细胞表面，经 42℃ 短时间热冲击处理，促使细胞吸收 DNA 复合物，在丰富培养基上生长数小时后，球状细胞复原并分裂增殖。被转化的细菌中，重组子中基因得到表达，在选择性培养基平板上，可选出所需的转化子。

三、实验器材

（1）实验材料：大肠杆菌 DH5a。

（2）实验试剂：LB 培养基：应在 950mL 去离子水中加入胰蛋白胨 10g，酵母提取物 5g，NaCl 10g，摇动容器直至溶解，用 5mol/L NaOH（约 0.2mL）调节 pH 值至 7.0，加入去离子水至总体积为 1L，高压灭菌 20min。LB 固体培养基：先按上述配方配制液体培养基，高压灭菌前加入琼脂 16~18g。0.1mol/L $CaCl_2$ 溶液（灭菌）。

（3）实验器材：恒温摇床，超净工作台，高压灭菌锅，低温离心机，微量移液器等，恒温水浴锅，培养皿等。

四、实验步骤

1. 感受态细胞的制备

（1）挑取大肠杆菌单菌落接种于 20mL LB 培养基中，37℃摇床过夜震荡培养。

（2）取 1mL 活化菌种接种于 100mL LB 培养基中，37℃ 200r/min 摇床培养 1.5~2h 至 $OD_{600}=0.5$ 左右。

（3）取 1mL 培养物，冰浴 30min，4℃、4000r/min 下离心 10min 收集菌体。

（4）用事先冰浴的 500μL 0.1mol/L CaCl₂ 重新悬浮细胞，冰浴 30min；4℃ 4000r/min 离心 3min 收集菌体。

（5）加 100μL 体积的冰冷的 0.1mol/L CaCl₂ 溶液，重新悬浮细菌沉淀，4℃ 4000r/min 离心 3min，去上清。

（6）50μL 体积的冰冷的 0.1mol/L CaCl₂ 溶液，重新悬浮细菌沉淀，冰浴 3~24h，即为大肠杆菌感受态。

（7）分装保存（40%甘油与感受态细胞 1∶1 混合，使甘油的终浓度为 20%）。

2. 转化

（1）从-70℃冰箱中取 200μL 感受态细胞悬液，室温下使其解冻，解冻后立即置冰上。

（2）加入 PBS 质粒 DNA 溶液（含量不超过 50ng，体积不超过 10μL），轻轻摇匀，冰上放置 30min 后。

（3）42℃水浴中热击 90s 或 37℃水浴 5min，热击后迅速置于冰上冷却 3~5min。

（4）向管中加入 1mL LB 液体培养基（不含 Amp），混匀后 37℃振荡培养 1h，使细菌恢复正常生长状态，并表达质粒编码的抗生素抗性基因（Ampʳ）。

（5）将上述菌液摇匀后取 100μL 涂布于含 Amp 的筛选平板上，正面向上放置半小时，待菌液完全被培养基吸收后倒置培养皿，37℃培养 16~24h。

（6）同时做两个对照：

对照组 1：以同体积的无菌双蒸水代替 DNA 溶液，其他操作与上面相同。此组正常情况下在含抗生素的 LB 平板，上应没有菌落出现。

对照组 2：以同体积的无菌双蒸水代替 DNA 溶液，但涂板时只取 5μL 菌液涂布于不含抗生素的 LB 平板上，此组正常情况下应产生大量菌落。

3. 计算转化率

统计每个培养皿中的菌落数。转化后在含抗生素的平板上长出的菌落即为转化子，根据此皿中的菌落数可计算出转化子总数和转化频率。

注：本实验方法也适用于其他 *E coli* 受体菌株的不同的质粒 DNA 的转化。但它们的转化效率并不一定一样。有的转化效率高，需将转化液进行多梯度稀释涂板才能得到单菌落平板，而有的转化效率低，涂板时必须将菌液浓缩（如离心），才能较准确地计算转化率。

五、实验结果与分析

（1）转化子总数=菌落数×稀释倍数×转化反应原液总体积/涂板菌液体积。

（2）转化频率（转化子数/每 mg 质粒 DNA）＝转化子总数/质粒 DNA 加入量（mg）。

（3）感受态细胞总数＝对照组 2 菌落数×稀释倍数×菌液总体积/涂板菌液体积。

（4）感受态细胞转化效率＝转化子总数/感受态细胞总数。

六、心得体会

七、思考题

（1）感受态细胞制备的原理。

（2）感受态细胞的保存条件？

（3）影响转化的因素有哪些？如何提高转化率？

实验八　琼脂糖凝胶电泳

一、实验目的

掌握琼脂糖凝胶电泳的方法。

二、实验原理

琼脂糖是线性的多聚物，基本结构是 1，3 连结的 β-D-半乳糖和 1，4 连结的 3，6-内醚-L-半乳糖交替连接起来的长链。琼脂糖凝胶电泳是重组 DNA 研究中常用的技术，可用于分离、鉴定和纯化 DNA 片段。不同大小、形状和构象的 DNA 分子在相同的电泳条件下（如凝胶浓度、电流、电压、缓冲液等），有不同的迁移率，所以可通过电泳使其分离。凝胶中的 DNA 可与荧光染料溴化乙锭（EB）结合，在紫外灯下可看到荧光条带，可分析实验结果。

琼脂糖凝胶电泳也常用于分离、鉴定核酸，如 DNA 限制性内切核酸酶图谱制作等。由于这种方法操作方便，设备简单，需样品量少，分辨能力高，已成为基因工程研究中常用实验方法之一。琼脂糖凝胶电泳还可用来分离蛋白质和同工酶。将琼脂糖电泳与免疫化学相结合，发展成免疫电泳技术，能鉴别其他方法不能鉴别的复杂体系，由于建立了超微量技术，0.1μg 蛋白质就可检出。

三、仪器与试剂

（1）试剂：琼脂糖，溴酚蓝，二甲苯腈蓝 FF，Tris，EDTA，NaOH，溴化乙锭，冰乙酸（无水乙酸），硼酸，甘油，GoldView 核酸染料。

（2）仪器：微波炉，电泳仪，水平式核酸电泳槽，烧杯，量筒，锥形瓶，移液枪，口罩，乳胶手套，一次性手套。

四、实验步骤

1. 电泳前准备

（1）刷干净电泳制胶的梳子，板子，槽子，蒸馏水洗净晾干防止不必要的重复污染，减少外来的污染。梳子干净有利于梳孔的形成。

（2）检查电泳槽，根据情况更换 TAE Buffer 排除电泳槽的电极接触不良，确保 Buffer 的缓冲能力，减少污染。

（3）根据 DNA 的分离范围选择合适的胶浓度并记录达到较好的分离效果，防止样过快跑出胶或者过慢浪费时间。

（4）计算琼脂糖（agarose）的用量和制胶 TAE Buffer 的用量记录，胶最终越薄越好。

2. 制胶步骤及注意事项

（1）配制适量的电泳及制胶用的缓冲液 Buffer（通常是 0.5×TBE 或 1×TAE）。

（2）根椐制胶量及凝胶浓度，准确称量琼脂糖粉，加入适当的锥形瓶中，加入一定量的电泳缓冲液（1.5%琼脂糖，150mL 电泳缓冲液，表 1）（注：用于电泳的缓冲液和用于制胶的缓冲液必须统一）。

表 1　琼脂糖凝胶浓度与线形 DNA 的最佳分辨范围

琼脂糖浓度	最佳线形 DNA 分辨范围/bp
0.5%	1000～30000
0.7%	800～12000
1.0%	500～10000
1.2%	400～7000
1.5%	200～3000
2.0%	50～2000

（3）融胶：在锥形瓶的瓶封上保鲜膜，并在膜上扎些小孔，然后在微波炉中加热熔化琼脂糖。加热过程中，当溶液沸腾后，请戴上防热手套。小心摇动锥形瓶。使琼脂糖充分均匀熔化。此操作重复数次，直至琼脂糖完全熔化。必须注意，在微波炉中加热时间不宜过长，每次当溶液起泡沸腾时停止加热，否则会引起溶液过热暴沸，使胶冲出瓶子，因此注意选择起码为胶体积 2 倍以上的瓶子，这样不仅造成琼脂糖凝胶浓度不准，也会损坏微波炉。熔化琼脂糖时，必须保证琼脂糖充分完全熔化，否则，会造成电泳图像模糊不清，可能因此引起的胶中孔径不均匀影响分离效果。

（4）倒胶：可用水浴的办法使胶冷却到 60℃左右，即手可以握住瓶子的温度，沿着制胶板的一侧，缓缓地一次性倒入。梳子最好是预先放好并固定的，注意梳孔的体积能点的下所有的样。用枪头赶掉气泡。制胶的桌面相对水平。倒胶时尽量减少气泡的产生。EB 如果在制胶时加入，在 60℃左右时加入，使终浓度为 0.5μg/mL。不宜过低，染色成像不明显；不宜过高，导致背景太深。摇匀要沿着瓶壁摇动，尽量减少气泡产生的可能性。高浓度胶如 2%以上的 EB 很难摇匀，而且凝的速度相对快，强烈建议跑完胶之后再用溴乙锭（EB）染色（注：EB 是一种致癌物质，使用含有 EB 的溶液时，请戴好手套）。

（5）室温凝胶 30min：过程中不要碰到梳子，尽量保持胶的位置不移动。时间不宜过久，导致胶干燥变形；不宜过短，影响胶内部孔径形成。

（6）拔梳子，放入电泳槽：缓缓地将梳子垂直从梳孔拔出，尽可能使梳子是同时从各个胶孔拔出的。暂时不用的胶最好放入电泳槽电泳液中浸泡，电泳液要浸没胶 1mm。

3. 上样电泳及注意事项

（1）DNA 样品中加入上样缓冲液（loading buffer，含溴酚蓝作为指示剂）使其终浓度为 1×，混匀 loading buffer 浓度不宜过低，点样时样品不能很好地沉在胶孔里；不宜过高，电泳时容易形成带形的变形。注意混匀。

（2）点样：沿着胶孔的边缘匀速加入。尽量避免碰坏胶孔。枪头不要吸过多的气泡，拔起时不要过猛带出样品。每点一个样完，吸取 buffer 洗枪头，避免样品混杂。如果是有特殊要求，如回收，强烈建议每点一个样换一次枪头。加样的速度当然是越快越好，注意保证质量。点样的量不要太大，一方面是体积不要太大，溢出污染邻位样品；另一方面不要太大，容易导致脱尾和模糊不清。

（3）接通电源，选择合适的电压和时间电泳。胶孔与电极成水平状态，防止样品跑歪。跑胶期间不时回来看看，防止样品跑出胶等意外发生。溴酚蓝指示剂离上样孔 2/3 即可断电。

4. 染色成像及注意事项

（1）染色：如果胶中没有加入 EB，用 0.5μg/mL 的 EB 溶液浸染 30min。

（2）调整凝胶成像系统的镜头的拍摄范围和焦距，成像。

（3）打印照片做分析记录。

五、示范

DNA 凝胶电泳图见图 1。溴化乙锭（EB）的染色原理见图 2。

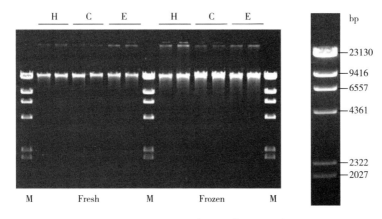

图 1　DNA 凝胶电泳图

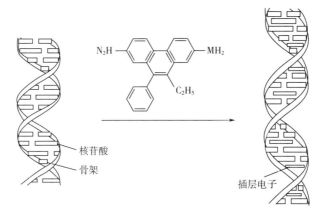

图 2　溴化乙锭（EB）的染色原理

六、实验结果与分析

七、心得体会

八、思考题

（1）电流大小对电泳结果有什么影响？
（2）EB 配制注意事项及废液如何处理？
（3）琼脂糖凝胶浓度与 DNA 分离效果的关系。
（4）制胶的步骤及注意事项有哪些？
（5）上样注意事项。

附录 1　电泳缓冲液母液的配制

（1）50×TAE 配制方案：称量 242g Tris，EDTANa$_2$·2H$_2$O 37.2g 于 1L 烧杯中，向烧杯中加入约 800mL 双蒸水，充分搅拌均匀；加入 57.1mL 的冰乙酸，充分溶解；用 NaOH 调 pH 至 8.3，加去离子水定容至 1L 后，室温保存。注：开始溶解药品的双蒸水量一定要小于 800mL，否则加药后会发现总体积超过 1L，加入水后，常会发现药品很难完全溶解，此时可先将烧杯放在磁力搅拌器上充分搅拌且适当加热液体（≤80℃），并继续后续配制；用 NaOH 调节 pH 时，推荐使用固体（粉末或颗粒）试剂，由于缓冲液的缓冲作用，需要加入较大量的 NaOH，并且随着 NaOH 的加入，前面未溶解的药品会慢慢溶解，当 pH>8.0 后，溶液即会变为无色澄清的液体。此种配方方便快捷，且可保证稀释后 1×TAE 的 pH 值在 8.0 左右，是理想的 TAE 配制方案。

（2）5×TBE 配制方案：称取 54g Tris、27.5g 硼酸溶于 800mL 双蒸水中，加入 20mL 0.5mol/L EDTA（pH 8.0）（如果不溶解，在 60 水浴加热即可溶解），再加水定容至 1L，室温保存备用。

附录 2　6×Loading Buffer 配制（DNA 电泳用）

分别称量 EDTA 4.4g，bromophenol blue（溴酚蓝）试剂 250mg，Xylene Cyanol FF（二甲苯腈蓝 FF）250mg，置于 500mL 烧杯中。向烧杯中加入约 200mL 的去离子水后，加热搅拌充分溶解。加入 180mL 的甘油（丙三醇，glycerol）后，使用 2mol/L NaOH 调节 pH 值至 7.0，用去离子水定容至 500mL 后，室温保存。

附录 3　核酸染料 EB 溶液的配制（10mg/mL）

称量溴化乙锭 200mg，充分溶解后用去离子水定容到 20mL，分装避光保存。溴化乙锭是强诱变剂并有中度毒性，使用含有这种染料的溶液时务必戴上手套，称量染料时要戴面罩。

（1）对于 EB 含量大于 0.5mg/mL 的溶液，可如下处理：

①将 EB 溶液用水稀释至浓度低于 0.5mg/mL。

②加入一倍体积的 0.5mol/L $KMnO_4$，混匀，再加入等量的 25mol/L HCl，混匀，置室温数小时。

③加入一倍体积的 2.5mol/L NaOH，混匀并废弃。

（2）EB 含量小于 0.5mg/mL 的溶液可如下处理：

①按 1mg/mL 的量加入活性炭，不时轻摇混匀，室温放置 1 小时。

②用滤纸过滤并将活性碳与滤纸密封后丢弃。废 EB 接触物如抹布、枪头，一般回收至黑色的玻璃瓶中，定期进行焚烧处理。

实验九　凝胶成像系统的使用

一、实验目的

了解凝胶成像系统的工作原理，掌握凝胶成像系统操作方法。

二、实验原理

凝胶图像处理系统把图像摄录、处理一体化。采用高分辨率数码采集硬件（数码相机、CCD、COOL CCD 等），使得高质量、高清晰度凝胶图像的获取得到保证。采用高科技手段的系统硬件配置，全自动电脑控制，高度程序化，保证摄录凝胶图像在低照度下的灵敏度、不掉失条带。最大程度地控制 EB 污染，有效保障实验操作人员的健康。

仪器用途：Clon：克隆计数系统，用于细菌、酵母等平板的菌落克隆数统计；Dots：点杂交成像分析系统，用于点杂交结果的分析；Gis：凝胶图象处理系统，对电泳结果进行分子量、面积等统计；MP：凝胶成像系统，拍摄蛋白或核酸凝胶电泳结果。

三、实验仪器

凝胶成像系统（仪器型号：GIS-2020），一次性手套、乳胶手套等。

四、操作步骤

（1）打开电脑操作系统，进入天能图象处理系统。

（2）打开暗箱，放入凝胶。

（3）单击"反射"，打开白光灯源，调整凝胶位置，同时可用"增大"和"缩小"功能调节焦距，改变凝胶放大倍数。

（4）单击"反射"，关闭白光灯源；再单击"透射"打开紫外光源，可见 EB 荧光谱带，可通过"增大"和"变小"功能调节光圈，用"聚焦"和"散焦"调节聚焦能力，或上下拉动下方的亮度和对比度标尺进行调节图像清晰。

（5）调节好亮度和对比度后，单击"拍摄"，拉动标尺调节曝光时间，单击小对话框的拍摄照相，然后单击"退出"完成拍摄同时关闭紫外光源。保存图象。

（6）关闭成像系统。可用 photoshop 对图象进行处理和标记。

注意事项

（1）操作时不要让箱体外和电脑接触 EB，保持箱体内干燥清洁。

（2）不要频繁、连续开关按键，及时关闭紫外光源，延长使用寿命，同时减少回收核酸片段的断裂。

（3）图片保存在硬盘上个人文件夹中，不要随意放置。

五、示范

BioDoc-It 凝胶成像系统见图 1。凝胶成像系统使用流程见图 2。多色 RGB 成像系统及成像效果见图 3。GenoSens 系列凝胶成像系统见图 4。

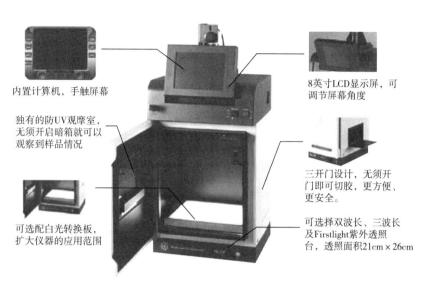

内置计算机，手触屏幕

8英寸LCD显示屏，可调节屏幕角度

独有的防UV观摩室，无须开启暗箱就可以观察到样品情况

三开门设计，无须开门即可切胶，更方便、更安全。

可选配白光转换板，扩大仪器的应用范围

可选择双波长、三波长及Firstlight紫外透照台，透照面积21cm×26cm

图 1　BioDoc-It 凝胶成像系统

1.开关

2.放上样品

3. 调整焦距和定位

4.打开UV调整曝光和Iris

5.捕获图像并保存

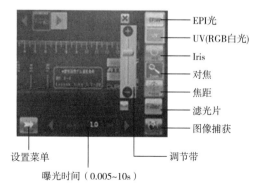

EPI光

UV(RGB白光)

Iris

对焦

焦距

滤光片

图像捕获

设置菜单

调节带

曝光时间（0.005~10s）

图 2　凝胶成像系统使用流程

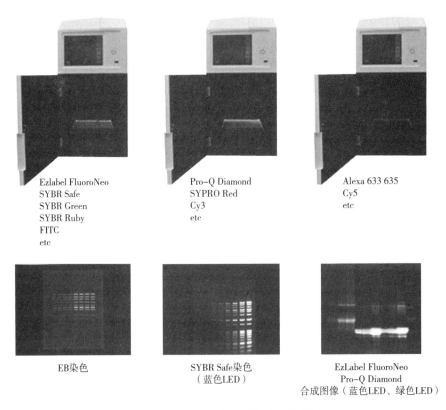

图 3　多色 RGB 成像系统及成像效果

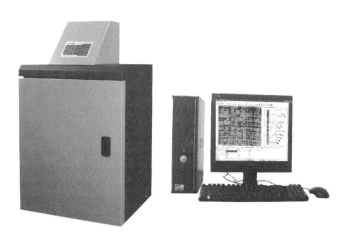

图 4　GenoSens 系列凝胶成像系统

六、结果与分析

七、心得体会

八、思考题

（1）实验污染可能发生在什么地方？

（2）凝胶成像系统使用注意事项。

实验十 DNA 凝胶成像

一、实验目的

了解凝胶成像分析系统的用途；熟悉其操作操作步骤和注意事项；掌握凝胶成像分析系统的基本原理与实验流程。

二、实验原理

凝胶成像系统是目前常见的图像拍摄、分析和处理系统。广泛用于 DAN/RNA 凝胶，蛋白质凝胶等电泳不同染色（如 EB、考马斯亮蓝）等非化学发光成像的扫描检测和定性定量分析。凝胶成像系统是分子生物学研究、法医 DNA 鉴定、临床基因诊断、疾病控制等实验室必备的设备。图像采集系统：采用数码摄影将摄取的图像直接输入计算机系统。在暗箱中的紫外灯照射下，通过调节变焦光圈、变焦倍数及焦距使样品清晰及大小适当。图像摄取获得以后，通过自带的软件中图像处理菜单的"亮度"和"优化"项进行亮度调整和图像优化，以降低图像本底噪声。一般经过这样处理以后能得到清晰的凝胶图片。图像分析系统：采用凝胶成像系统分析软件将摄取的图像中的 DNA/RNA/蛋白凝胶/胶片进行定性、定量分析（图1）；定量分析是利用软件灰度/密度扫描的功能，将所得条带用虚线框框住，进行密度/灰度扫描，可以用目的条带密度/标准条带密度的比值来对目的条带进行半定量。图像打印系统：将摄取的图像通过与计算机相连的打印机生成打印文件。

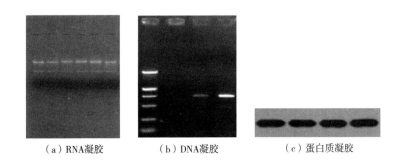

（a）RNA凝胶　　　（b）DNA凝胶　　　（c）蛋白质凝胶

图1　RNA，DNA 和蛋白质凝胶成像

三、实验仪器

凝胶成像系统（Tanon 1600 全自动数码凝胶图像分析系统）、一次性手套、乳胶手套、移液枪、各类枪头、保鲜膜。

四、操作步骤

在熟悉仪器的基本性能，向相关老师提出申请，获得允许之后，开机使用。

仪器操作规程：开启总电源→开启电脑至 Windows 处于正常工作状态→用酒精棉球将暗盒中的透视屏擦拭干净→打开主机上层箱内电源开关→双击桌面上的"GIS"图标，进入软件→将凝胶置于屏上（蛋白凝胶于白光屏，核酸凝胶于紫外屏）→调整 CCD 位置使凝胶置于视野合适位置后插上电源→打开相应的透射光源准备扫描（如用紫外灯源，请勿肉眼无防护直接观测）→进入摄像状态，调整光圈和焦距扫描→经电脑控制进行拍摄、保存图像→拍摄完毕请立即关闭灯源电源→用酒精棉球将暗盒中的透视屏擦拭干净→工作完毕，关闭软件窗口→凝胶成像系统电脑为图像扫描分析专用，不得作其他用途，不得修改电脑设置→关机后，将插线板开关及电源都关闭。

1. 安全注意事项

溴化乙锭（EB），是一种强致癌物。在实验中使用 EB 时，应遵守以下操作规程：

（1）在 EB 专用实验室进行 EB 的操作。所有 EB 操作必须戴手套，在特定的区域内完成，严禁将接触过 EB 的手套等杂物带出其工作区。

（2）EB 粉末应存放在特定的容器内，密封保存。容器外用牛皮纸包裹，并标明购买日期及有效期，再放于较大容器内，存放于特定的地方，并由专人保管。

（3）EB 储备液的配制及存放：称取 EB 粉末应用普通托盘天平称量，不能用电子天平，在称取 EB 粉末时，应戴手套、口罩，在天平下放张大纸，在两个托盘上放同样大小的较大纸张后，再称量。称量后，应及时将原容器盖好密封后放回原处。EB 储备液应存放于固定的容器内，再放于纸盒中，并在盒外显著标明"强致癌物 EB"，放在冰箱中固定的地方。

（4）在 EB 专用实验室进行实验或使用仪器时，接触 EB 溶液或样品（如载玻片、胶、盛胶板）必须戴手套，且有 EB 污染的物品只能接触凝胶图像分析仪的箱内及荧光显微镜的载物台，严禁接触过 EB 的手套接触仪器的其他操作部分。

（5）含 EB 的溶液及接触过 EB 的手套等杂物应按相关规定进行处理。

（6）凝胶成像系统为 EB 污染区，电脑为非 EB 污染区。注意严格区分 EB 污染区和非污染区，防止污染区向非污染区扩散。

（7）仪器配置的电脑专机专用，不得上网。电脑开启时请勿突然断电，以防硬盘损坏导致实验资料丢失。

（8）如用紫外灯源，拍摄完毕请立即关闭灯源电源，DNA 凝胶长时间紫外灯照射易降解。拍摄时，请注意不要将过量的电泳缓冲液倾倒在投射底座上。请注意保管好软件加密狗和软件光盘，以免遗失。

实验室中经常有 EB 被打翻或 EB 废弃物的处理问题规程：

（1）严禁随便丢弃。因为 EB 是强致癌性，而且易挥发，挥发至空气中，危害很大。

（2）废 EB 溶液的处理方法。

①对于 EB 含量大于 $0.5mg/mL$ 的溶液，可如下处理：A. 将 EB 溶液用水稀释至浓度低于 $0.5mg/mL$；B. 加入一倍体积的 $0.5mol/L$ $KMnO_4$，混匀，再加入等量的 $25mol/L$ HCl，混匀，置室温数小时；C. 加入一倍体积的 $2.5mol/L$ NaOH，混匀并废弃。

②EB 含量小于 $0.5mg/mL$ 的溶液可如下处理：A. 按 $1mg/mL$ 的量加入活性炭，不时轻摇混匀，室温放置 1 小时；B. 用滤纸过滤并将活性碳与滤纸密封后丢弃。

（3）废 EB 接触物，如抹布，枪头。一般回收至黑色的玻璃瓶中，定期进行焚烧处理；如污染严重则用漂白剂处理。

（4）电泳胶。胶里面痕量的 EB 没有问题，如果小于 0.1% 可以直接扔掉；而如果发红，即大于等于 0.1% 时应该放在生物危害柜中焚烧掉。

2. 紧急处理措施

（1）误入眼睛措施：如果 EB 不慎落入眼睛，立即用大量的冷水冲洗至少 15 分钟；能用洗眼药水进行擦洗。

（2）误接触措施：如果皮肤不慎接触到 EB，立即脱去被污染的衣物，用肥皂清洗接触到的皮肤后，再用大量的冷水冲洗至少 15 分钟。

（3）误服措施：如果不慎误服或吸入 EB，将受害者移至通风处，并及时送医救治。

（4）泄漏污染处理：如果 EB 不慎洒落在水槽或者下水道，请立刻告知相关管理部门。如果大量 EB 洒落，应立即通知在该工作域的所有人员，将人员疏散并开始清理被污染的区域；在未清理好现场的同时，应竖牌警告他人勿入；并为有关部门提供资料及协作。

（5）若仅微量 EB 排入下水道并被及时发现，在确保安全的情况下可由实验室熟知 EB 危害的人员进行清理。当然，清理 EB 的人员是必须经过安全培训，并有防范意识和相应的处理装置。如果实验室的人员未经培训或没有处理装置，请相关部门进行处理。

（6）净化处理：在清理微量洒落的 EB 时，需全程穿着防护服（按上文所描述的"安全预防措施"）；用紫外灯照射确定污染的位置，EB 的荧光是很容易看到的；如果洒落的 EB 是粉末状，用湿纸巾擦拭后并按程序清理；如果洒落的是液体，用干纸巾吸干后再用 UV 光检查残余的 EB，然后按程序清理。

五、结果与分析

拍摄 DNA 凝胶图片，并对图片进行分析。

六、心得体会

七、思考题

（1）天能凝胶成像系统的主要用途是什么？
（2）凝胶成像分析系统由哪几部分构成？各部分功能是什么？
（3）凝胶成像分析系统的操作规程是什么？注意事项有哪些？
（4）实验室使用 EB 的操作规程有哪些？注意事项是什么？
（5）实验室中 EB 废弃物的处理问题规程有哪些？

实验十一　目的 DNA 的回收与纯化

一、实验目的

熟练掌握从琼脂糖凝胶中回收 DNA 片段的实验技术；熟悉使用胶回收试剂盒回收 DNA 的操作流程。

二、实验原理

分离和纯化 DNA 酶切片段是基因工程中常用的手段。在构建重组 DNA 分子时，为了提高重组效率，载体 DNA 和目的基因的酶切片段、包括化学合成的基因、PCR 扩增的产物，以及 DNA 标记反应前后的 DNA 片段等都需要进一步进行分离纯化与回收。另外在检测重组 DNA 的分子杂交技术中，要制备 DNA 探针，往往也要先分离回收以获得纯度较高的 DNA 片段。目前用于回收 DNA 片段的方法很多，可以根据待回收 DNA 片段的纯度、大小、浓度和实验室现有的条件等选择合适的方法。

琼脂糖凝胶是通过氢键的作用，因此过酸或过碱等破坏氢键形成的方法常用于凝胶的再溶化，像 $NaClO_4$（高氯酸钠）能用于凝胶的裂解，一般的凝胶回收试剂盒利用的也是这一原理。试剂盒采用经典的硅胶膜技术，其纯化原理是含有目的片段的琼脂糖凝胶溶解后，硅胶膜柱在高盐和低 pH 值条件下高效可逆的吸附体系中的 DNA 片段，蛋白及其他杂质不被吸附而被除去，被吸附的 DNA 片段在低盐和高 pH 值条件下再被洗脱纯化。

三、实验仪器与试剂

（1）仪器：电泳仪、电泳槽、紫外观察箱、手术刀、Eppendorf 管、电子天平、离心机、恒温水浴锅，一次性手套、乳胶手套。

（2）试剂：琼脂糖凝胶，DNA Purification Kit（Takara）。

四、实验准备

1%琼脂糖凝胶，待纯化的 DNA，琼脂糖凝胶 DNA 回收试剂盒，去离子水或 TE（pH 值 7.6）。

五、操作步骤

（1）PCR 扩增目的基因之后进行琼脂糖凝胶电泳，电泳结束后在长波紫外灯下切出含有目的 DNA 片段的凝胶，注意去除多余凝胶，尽量减少胶体积（切胶时注意不要将 DNA 长时间暴露于紫外灯下，以防止 DNA 损伤）。

（2）称量胶块重量，计算胶块体积：$1mg = 1\mu L$。

（3）将胶块尽量切碎，以提高 DNA 的回收率。

（4）向胶块中加入胶块溶解液 Buffer GM，Buffer GM 的加量如表 1 所示。

表1　凝胶浓度与 Buffer GM 使用量关系

凝胶浓度	Buffer GM 使用量
1.0%	3 个凝胶体积量
1.0%~1.5%	4 个凝胶体积量
1.5%~2.0%	5 个凝胶体积量

（5）置 75℃ 水浴中加热融化胶块，期间间断振荡混合，使胶块充分融化（6~10min）。胶块一定要充分溶解，否则将会严重影响 DNA 的回收率。高浓度凝胶可以适当延长溶胶时间。

（6）将 700μL 的 Buffer WB 加入 Spin Column 中，室温 12000r/min 离心 30s，弃滤液。注：请确认 Buffer WB 中已经加入了指定体积的 100%乙醇。

（7）重复操作步骤（6）。

（8）将 Spin Column 安置于 Collection Tube 上，室温 12000r/min 离心 1min。

（9）将 Spin Column 安置于新的 1.5mL 的离心管上，在 Spin Column 膜的中央处加入 30μL 灭菌蒸馏水或 Elution Buffer，室温静置 1min。注：将灭菌蒸馏水或 Elution Buffer 加热至 60℃ 使用时有利于提高洗脱效率。

（10）室温 12000r/min 离心 1min 洗脱 DNA。

（11）结果分析：回收纯化的 DNA 经琼脂糖凝胶电泳检测可见特定分子量大小的单一的清晰条带。

六、注意事项

（1）电泳时要试用新鲜配制的 TBE 或 TAE 缓冲液和新配制的琼脂糖凝胶。

（2）紫外光对 DNA 分子有切割作用，从胶上回收 DNA 时，应尽量缩短光照时间并采用长波长紫外灯（300~360nm），以减少紫外光对 DNA 的损伤。

（3）挖取含目的 DNA 的凝胶时，尽量减少周围凝胶的带入，提高 DNA 回收率。

（4）琼脂糖必须完全融化，以免堵塞柱子，严重影响 DNA 片段的回收效率。

七、结果与分析

八、心得体会

九、示范

DNA 凝胶回收流程示意图见图 1。

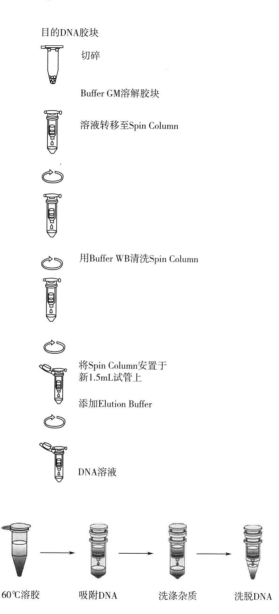

目的DNA胶块

切碎

Buffer GM溶解胶块

溶液转移至Spin Column

用Buffer WB清洗Spin Column

将Spin Column安置于新1.5mL试管上

添加Elution Buffer

DNA溶液

切胶　　60℃溶胶　　吸附DNA　　洗涤杂质　　洗脱DNA

图 1　DNA 凝胶回收流程示意图

实验十二　徒手切片及植物细胞观察

一、实验目的

（1）进一步掌握临时装片的制作方法，学习和掌握植物徒手切片技术。
（2）了解植物细胞的基本结构。
（3）掌握质体、纹孔和胞间连丝的结构形态。
（4）识别和鉴定植物细胞中常见的后含物。

二、实验原理

典型植物细胞基本结构见图1。

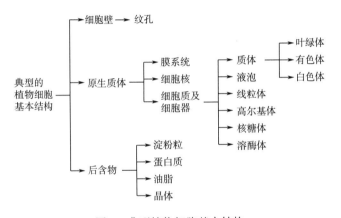

图 1　典型植物细胞基本结构

（1）纹孔：植物细胞上的特殊结构，是相邻细胞之间物质和信息传递的通道，在两个相邻细胞壁上呈念珠状存在。

（2）胞间连丝：许多纤细的原生质丝穿过初生壁上微细孔眼或从纹孔穿过纹孔膜，连接相邻细胞，这种原生质丝称为胞间连丝。植物体全株的各种细胞之间均有纹孔和胞间连丝，相互沟通，使植物成为一个统一的有机整体。

（3）质体：是绿色植物特有的细胞器。根据色素不同可分为三类：叶绿体（扁圆状，位于绿色植物薄壁组织中，主要是进行光合作用）、有色体（形状不规则，有颗粒状、棒状等，位于果实、花瓣及其他部位，有利于传粉和种子传播）和白色体（无色素）（个体微小的透明颗粒，位于植物各部分的贮藏细胞内，主要是合成淀粉、脂肪及蛋白质）。

（4）后含物：细胞在代谢过程中产生并贮藏在细胞内的营养物质和废物等统称。后含物有的存在于液泡中，有的分散于细胞质中。常见的营养物质有淀粉、蛋白质、油脂等；常见的代谢废物有晶体。

三、仪器与试剂

（1）实验材料：洋葱、青辣椒、红辣椒、马铃薯茎块、胡萝卜、番茄。

（2）实验仪器及试剂：显微镜、载玻片、盖玻片、镊子、刀片、吸水纸、擦镜纸、解剖针、培养皿、毛笔、滴管、纱布、0.9%的NaCl溶液。

四、实验步骤

（一）临时装片的制作

1. 擦净载玻片和盖玻片

（1）擦载玻片用左手的拇指和食指捏住载玻片的边缘，右手用纱布将载玻片上下两面包住，然后反复擦拭，擦好后放在干净处备用。

（2）擦盖玻片先用左手拇指和食指轻轻捏住盖玻片的一角，再将右手拇指和食指用纱布把盖玻片包住，然后从上下两面隔着纱布慢慢地进行擦试。

2. 取样

用滴管滴一点水或其他溶液（根据需要）于载玻片的中央，把观察物放于载玻片上的液滴中，展开或摇匀。

3. 盖盖玻片

右手持镊子，轻轻夹住盖玻片的一角，使盖玻片的边缘与液滴的边缘接触，然后慢慢倾斜下落，最后平放于载玻片上，避免气泡的产生。若盖玻片下的液体过多，可用吸水纸将多余的液体吸掉。

（二）徒手切片法

徒手切片法不需要任何的机械设备，只需要一把锋利的刀片就可以完成切片的制作，方法简单，也容易保持物的生活状态，有很大的实用价值。

1. 选材

选择软适度的材料，先截成适当的段块。一般直径大小以3~5mm、长度以20~30mm为宜。若材料太软，如幼叶等，不能直接拿在手中进行切片，可用适当大小的马铃薯块茎或萝卜块根等作支持物，将材料夹入其中，一起切片。

2. 切片

用左手拇指、食品指和中指夹住材料，使其稍突出在手指之上，拇指略低于食指，以免刀口损伤手指。材料和刀刃上蘸水，使其湿润。右手拇指和食指横向平握刀片，刀片要与材料断面平行，刀刃放在材料左前方稍低于材料断面的位置，以均匀的力量和平稳的动作从左前方向右后方拉切。切片时要用臂力而不用腕力，手腕不要动，靠肘、肩关节的屈伸来切片，拉切要快，中途不要停顿，更不能用拉锯方式进行切片（图2）。

每切2~3片就要把刀片上的薄片用湿毛笔移入盛有清水的培养皿中暂存备用。如发现材料切面出现倾斜，应修平切面后再继续切片。

3. 镜检观察

连续切下很多切片后，挑选最薄的切片放于加了1滴清水的载玻片，盖上盖玻片，制成临时装片，进行镜检、观察。

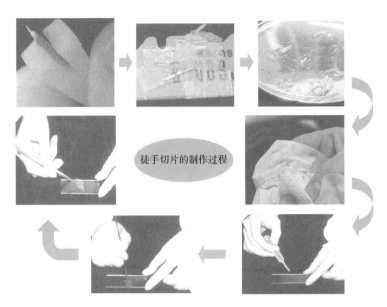

图 2　徒手切片的制作过程

（三）植物细胞的结构观察

1. 洋葱表皮细胞的观察

取一洁净载玻片，于载玻片中央加上一滴水。取洋葱（辣椒、菠菜、马铃薯等）一个，剥下一片新鲜的带紫色的鳞叶，用刀片从外表面（或内表面）切一个面积为 $4mm^2$ 左右的方形小格，然后用镊子将表皮撕下，迅速放入载玻片上的小水滴中（表面向上），并使其平展，盖上盖玻片，即制成临时装片。将装片放在显微镜下，观察并描述细胞的形状、纹孔、胞间连丝、细胞壁、细胞质、细胞膜、液泡等形态特征结构。

2. 番茄果肉离散细胞观察

用解剖针挑取少许已经红熟的番茄果肉（以临近果皮为好），把它们放在载玻片上的水滴中，用解剖针将果肉细胞拨匀，分散得越开越好，盖上盖玻片。在显微镜下观察，可以看到圆形或卵圆形的离散细胞，同样也可以观察到细胞壁、细胞核和很大的液泡。此外，还可以看到带色的圆形小颗粒，即有色体。

3. 厚角组织观察

用徒手切片法做芹菜叶柄的横切片，选取薄而透明的切片制成临时装片，置于低倍镜下观察。在芹菜叶柄棱角处的表皮内方有厚角存在，这些细胞的细胞壁在角隅处有增厚。

五、实验结果

（1）说明制作临时切片的种类及制作详细过程的图文说明。

（2）观察并用铅笔绘制细胞的形状、细胞壁、细胞质、细胞膜、液泡等形态特征结构洋葱表皮细胞的观察；拍摄显微镜下细胞的形态结构图片。

（3）观察并用铅笔绘制番茄果肉离散细胞形态；拍摄显微镜下细胞的形态结构图片。

（4）观察并用铅笔绘制菠菜的厚角组织形态；拍摄显微镜下相应的图片。

六、思考题

（1）徒手切片操作过程及注意事项。

（2）列表比较质体结构特点。

七、心得体会

实验十三　植物细胞的胞质环流观察及其影响因素探究

一、实验目的

（1）观察并了解细胞质流动现象，了解影响细胞质流动的因素。
（2）验证探讨胞质环流有关机理；提高实验设计、动手能力，培养创新思维。

二、实验原理

在植物细胞和其他细胞中，细胞质的流动是围绕中央液泡进行的环形流动模式，这种流动称为胞质环流（cyclosis）。在胞质环流中，细胞周质区（cortical region）的细胞质是相当稳定且不流动的，只是靠内层部分的胞质溶胶在流动。在能流动和不流动的细胞质层面有大量的微丝平行排列，同叶绿体锚定在一起。胞质环流是由肌动蛋白和肌球蛋白相互作用引起的。在胞质环流中，肌动蛋白的排列方向是相同的，正向朝向流动的方向，肌球蛋白可能是沿着肌动蛋白纤维的（-）端向（+）端快速移动，引起细胞质的流动。胞质环流对于细胞的营养代谢具有重要作用，能够不断的分配各种营养物和代谢物，使它们在细胞内均匀分布。

在多种植物的细胞中能观察到植物细胞质流动现象，它是细胞活动强弱的重要指标。细胞质流动现象的产生，是细胞骨架中微丝肌动蛋白与肌球蛋白相互滑动的结果。细胞质流动要消耗能量，受到各种因素如温度、渗透压及各种离子的影响。显微镜下可以观察到细胞质流动现象（主要以叶绿体的移动来判断原生质体流动）。

三、仪器与试剂

（1）材料：新鲜菠菜叶或其他叶子（黑藻或褐藻）。
（2）器材：光学显微镜、滴瓶、滴管、载玻片、盖玻片、镊子、刀片、吸水纸、培养皿、恒温水浴锅。
（3）试剂：蒸馏水、0.25mol/L NaCl（aq）、0.50mol/L NaCl（aq）。

四、实验步骤

1. 胞质环流现象的观察（空白对照）
（1）取清洁载玻片一片，在中央滴一滴蒸馏水，取菠菜叶（黑藻或褐藻）稍带些叶肉的下表皮（下表皮的叶肉细胞排列疏松、细胞间隙大、胞内所含叶绿体数量少，体积大、液泡大、细胞质环流明显，便于观察），置于载玻片上，盖上盖玻片。

取下表皮的方法：首先用蒸馏水洗净叶片灰尘，在下表皮上用刀片划一个井字，用镊子固定住，再用镊子撕下字中方块，一层几乎透明的薄膜就是下表皮。实验需取稍带叶肉的下表皮。

（2）在低倍镜下观察寻找有原生质体流动的细胞，转换高倍镜下仔细观察。注意胞质环流的速率。

2. 离子浓度对胞质环流的影响

（1）取清洁载玻片一片，在载玻片中央滴一滴蒸馏水，在载玻片近两端滴加不同浓度的 NaCl 溶液（0.25mol/L、0.50mol/L）各一滴，取菠菜叶稍带些叶肉的下表皮三份分别放入这三种液滴中。

（2）盖上盖玻片，在显微镜下观察比较载玻片两端与中央对照细胞中胞质环流现象，按表 1 记录实验现象。

（3）15min 后，用蒸馏水漂洗载玻片两端的叶片，在显微镜下观察，看胞质环流是否可以恢复。

3. 光照对胞质环流的影响

调整光学显微镜的光源强弱，仔细观察不同光照强度下胞质环流的变化，按表 2 记录实验现象（如现象不明显可补充光源）。

4. 温度对胞质环流的影响

（1）将两个水浴锅分别设置为 25℃、35℃，将两株菠菜分别放入两个水浴锅中处理 8min，另一株为室温下处理。

（2）取清洁载玻片一片，在载玻片中央和近两端分别滴三滴蒸馏水，分别从三株菠菜取叶片三片，取菠菜叶稍带些叶肉的下表皮三部分放入蒸馏水中。

（3）盖上盖玻片，在显微镜下观察比较载玻片两端与中央对照细胞中胞质环流现象，按表 3 记录实验现象。

五、实验结果

将上述结果分别填入表 1~表 3。

表 1　离子浓度对胞质环流的影响

组别	胞质环流现象的描述	低倍镜下试验结果拍照	高倍镜下试验结果拍照
空白对照			
0.25mol/L NaCl			
0.50mol/L NaCl			

表 2　光照对胞质环流的影响

组别	胞质环流现象的描述	低倍镜下试验结果拍照	高倍镜下试验结果拍照
空白对照（中等强度光照）			
不开光源			
高强度光照			

表 3　温度对胞质环流的影响

组别	胞质环流现象的描述	低倍镜下试验结果拍照	高倍镜下试验结果拍照
空白对照（室温）			
25℃			
35℃			

六、思考题

（1）叶绿体的形态和分布，与叶绿体的功能有什么关系？

（2）植物细胞的细胞质处于不断流动的状态，这对于活细胞完成生命活动有什么意义？

（3）胞质环流速率可以从一定程度上反映细胞新陈代谢的旺盛程度。但是长时间高亮度的光照，胞质环流的速度不但没有升高，反而有降低，请你分析可能的原因。

七、心得体会

实验十四　植物细胞的质壁分离与质壁分离复原

一、实验原理

植物细胞的原生质层相当于一层_____。在外界溶液浓度高于细胞内液的条件下，细胞_____导致原生质层收缩，可以通过显微镜观察到_____现象。而当外界溶液浓度低于细胞内液时，细胞会_____膨胀，恢复原来的正常形态，这种现象称为_____。

二、实验目的

（1）解释质壁分离及复原现象的实质。
（2）说明植物细胞能够发生质壁分离及复原现象的条件。
（3）掌握制作洋葱鳞叶外表皮临时装片的方法。

三、材料用具及仪器

（1）实验材料：紫色的洋葱鳞叶。
（2）试剂：质量浓度分别为 0.2g/mL、0.3g/mL 的蔗糖溶液，蒸馏水。
（3）器材：显微镜、刀片、镊子、滴管、载玻片、盖玻片、烧杯、吸水纸。

四、实验步骤

1. 制作洋葱外表皮临时装片

取一片紫色的洋葱鳞叶，用刀片在外表皮上划出一个大约 5mm×5mm 的小方块，用镊子撕下该部分表皮，放在载玻片中央的清水滴里，展平，盖上盖玻片。

2. 在显微镜下观察细胞形态

细胞呈_____（颜色），中央有_____（细胞器）。此时_____（结构）与细胞壁紧贴。

3. 观察质壁分离现象

在盖玻片一侧滴加质量浓度为 0.3g/mL 的蔗糖溶液 1~2 滴，在对侧用吸水纸引流。重复几次，使蔗糖溶液渗入盖玻片下方，浸润洋葱外表皮细胞。大约 5min 后，用显微镜观察细胞形态变化。

（1）滴入蔗糖溶液后，液泡逐渐_____，紫色_____。原生质层与细胞壁逐渐分开，发生_____现象。

（2）相比质量分数为 0.2g/mL 的蔗糖溶液，0.3g/mL 蔗糖溶液下的洋葱外表皮细胞质壁分离更_____。

4. 记录显微镜下看到的洋葱表皮的质壁分离现象

5. 观察质壁分离复原现象

在已经发生质壁分离的表皮细胞的盖玻片一端滴加 1~2 滴清水，对侧用吸水纸引流。重复几次，吸去周边的蔗糖溶液，使细胞浸润于清水环境中。

滴入清水后，液泡逐渐_____，紫色_____。原生质层逐渐向细胞壁靠近，发生_____现象。

五、实验结果

（1）绘制显微镜下看到的正常洋葱外表皮细胞和洋葱外表皮质壁分离图，标明各部分结构名称（图1、图2）。

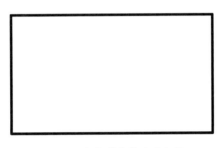

图 1　正常的洋葱外表皮细胞

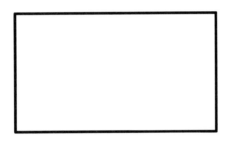

图 2　质壁分离的洋葱外表皮细胞

（2）由实验现象可以知道：洋葱成熟的外表皮细胞能够发生质壁分离现象的内因是_____；外因是_____。

六、注意事项

（1）选取颜色明显且具有大液泡的成熟植物细胞。

（2）蔗糖溶液浓度不能过高，以免造成细胞失水过多死亡。

（3）注意引流动作要领，保证细胞完全均匀地浸入蔗糖溶液或清水中。

（4）使用刀片及镊子等尖锐器具要小心，用后妥善安放。

七、思考讨论

（1）本实验可以选用白色洋葱鳞叶完成实验吗？紫色洋葱根尖分生区细胞呢？

（2）用开水烫过的紫色洋葱还会发生质壁分离现象吗？

（3）如果用相同浓度的 NaCl 溶液代替，还会发生质壁分离现象吗？

（4）根据本节课所学习的原理，测定植物细胞液浓度。简要说明设计思路和操作步骤。

（5）植物细胞发生质壁分离的原因是＿＿＿＿＿＿＿。

A. 外界溶液浓度大于细胞液浓度　　　　B. 细胞液浓度大于外界溶液浓度

C. 细胞壁的伸缩性大于原生质层的伸缩性　D. 原生质层的伸缩性大于细胞壁的伸缩性

（6）某学生做洋葱表皮质壁分离和复原实验时，显微镜下只有一个细胞没有发生质壁分离，其他细胞都出现了明显的质壁分离现象，这可能是因为（　　　）。

A. 该细胞是洋葱内表皮细胞　　　　B. 该细胞是死细胞

C. 蔗糖溶液浓度太小　　　　D. 实验操作不正确

实验十五　叶绿体色素的提取、分离及含量测定

一、实验目的

（1）学习叶绿体色素的提取、分离方法。

（2）通过叶绿体色素提取、分离方法的学习了解叶绿体色素的相关理化性质。

（3）为进一步研究各叶绿体色素性质、功能等奠定基础。

二、实验原理

叶绿体色素包括绿色的叶绿素（包括叶绿素 a 和叶绿素 b）和黄色的类胡萝卜素（包括胡萝卜素和叶黄素）两大类，它们均以色素蛋白复合体形式存在于类囊体膜上。两类色素均不溶于水而溶于有机溶剂，故可用乙醇、丙酮等有机溶剂提取。由于提取液中不同色素在固定相和流动相中的分配系数不同，所以可借助分配层析方法将其分离。

利用叶绿体色素能溶于有机溶剂的特性，可用 95% 乙醇提取。分离色素的方法有多种，如纸层析、柱层析等。纸层析是其中最简单的一种。当溶剂不断地从层析滤纸上流过时，由于混合色素中各种成分在两相（即流动相和固定相）间具有不同的分配系数，它们的移动速度不同，使样品中的各种成分得到分离。强光可以破坏离体的叶绿素，因为植物体内本来有还原酶，可以破坏光产生的强氧化物质。而离体的叶绿素提取液中不含有还原酶，光产生的强氧化物质会破坏叶绿素。叶绿素提取液中同时含有叶绿素 a 和叶绿素 b，二者的吸收光谱虽有不同，但又存在着明显的重叠，在不分离叶绿素 a 和叶绿素 b 的情况下同时测定叶绿素 a 和叶绿素 b 的浓度，可分别测定在 663nm 和 645nm（分别是叶绿素 a 和叶绿素 b 在红光区的吸收峰）的光吸收，然后根据 Lambert-Beer 定律，计算出提取液中叶绿素 a 和叶绿素 b 的浓度。

$$A_{663} = 82.04C_a + 9.27C_b \tag{1}$$

$$A_{645} = 16.75C_a + 45.60C_b \tag{2}$$

公式中 C_a 为叶绿素 a 的浓度，C_b 为叶绿素 b 浓度（单位为 g/L），82.04 和 9.27 分别是叶绿素 a 和叶绿素 b 在 663nm 下的比吸收系数（浓度为 1g/L，光路宽度为 1cm 时的吸光度值）；16.75 和 45.60 分别是叶绿素 a 和叶绿素 b 在 645nm 下的比吸收系数。即混合液在某一波长下的光吸收等于各组分在此波长下的光吸收之和。

将上式整理，可以得到下式：

$$C_a = 0.0127A_{663} - 0.00269A_{645} \tag{3}$$

$$C_b = 0.0229A_{645} - 0.00468A_{663} \tag{4}$$

将叶绿素的浓度改为 mg/L，则上式变为：

$$C_a = 12.7A_{663} - 2.69A_{645} \tag{5}$$

$$C_b = 22.9A_{645} - 4.68A_{663} \tag{6}$$

$$C_T = C_a + C_b = 8.02A_{663} + 20.21A_{645} \tag{7}$$

C_T 为叶绿素的总浓度。

三、实验仪器与药品

（1）实验材料：绿色植物如菠菜等的叶片。

（2）试剂：95%乙醇、石英砂、碳酸钙、层析液［石油醚∶丙酮∶苯＝10∶2∶1的比例配制（V/V）］。

（3）器材：研钵、漏斗、三角瓶、剪刀、滴管、圆形滤纸（直径11cm）、分光光度计。

四、实验步骤

1. 叶绿体色素的提取与分离

称取新鲜南瓜叶片2g，剪碎放入研钵中，加入乙醇5mL、少许 $CaCO_3$（中和细胞中的酸防止 Mg^{2+} 从叶绿素中心释放），研磨成匀浆，再加入适量的乙醇（5~10mL），然后用漏斗过滤，即得叶绿体色素液。取准备好的滤纸条（2cm×20cm），用毛细管吸取叶绿体色素提取液涂于滤纸的下端宽条，注意下一次所点溶液不可过多，风干后再重复3次。向小试管中加入适量层析液（石油醚∶丙酮∶苯为20∶2∶1的混合溶液）。将划有滤液细线的滤纸条轻轻插入层析液，随后用棉塞塞紧试管口。经0.5~1h后，观察分离后色素带的分布。最上端橙黄色的是胡萝卜素，其次为叶黄素，于下面蓝绿色为叶绿素a，最后的黄绿色为叶绿素b。

2. 叶绿素含量的测定

（1）提取叶绿素。于天平上称取0.5g新鲜南瓜叶片，剪碎后置于研体中，加入5mL乙醇（95%），少许 $CaCO_3$。仔细研磨成匀浆，用滤斗过滤到10mL量筒中，注意在研钵中加入少量95%乙醇将研钵洗净，一并转入研钵中过滤到量筒内，并定容至10mL。将量筒内的提取液混匀，用移液管小心抽取5mL转入25mL量筒中，再加入95%乙醇定容至25mL（最终植物材料与提取液的比例为 $W∶V=0.5∶50=1∶100$）。

（2）测量光吸收。利用722分光光度计或UV1700分光光度计，分别测定叶绿素提取液在645nm和663nm下的吸光度。

3. 叶绿素含量的测定

以 $A_{663}=0.992$，$A_{645}=0.401$ 为例计算：

$C_a=12.7×0.992-2.69×0.401=11.520$（mg/L）

$C_b=22.9×0.401-4.68×0.992=4.550$（mg/L）

$C_T=C_a+C_b=8.02×0.992+20.21×0.401=16.060$（mg/L）

最后要计算出单位叶片鲜重中叶绿素的含量：

叶绿素a含量（mg/g鲜重）＝C_a×50mL（总体积数）×1mL/1000mL/L÷0.5g＝1.152

叶绿素b含量（mg/g鲜重）＝0.455

总叶绿素含量（mg/g鲜重）＝1.606

五、实验结果与分析

叶绿体色素分为叶绿体素类和类胡萝卜素类两类，前者为双羧酸酯，后者为类萜，所以均为脂溶性，提取时应选用有机溶剂，常用的有机溶剂为酒精等。本试验采用分配层析方法分离叶绿体色素，此法基本原理为利用混合物中不同成分在固定相和流动相中的分配系数不同意分离各成分。

（1）绘制叶绿体色素的分离图，标明各部分结构名称与颜色（图1）。

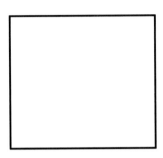

图1 叶绿体色素的分离图

（2）计算叶绿素含量。

六、实验注意事项

（1）为保证色素提取效率应注意研磨要充分、残渣应用提取溶剂多冲洗几次。

（2）点样量应足够大但样点直径应尽量小，所以一次点样不要过多，待风干后再点样，如此反复多次。

（3）划有绿叶细线的滤纸条插入层析液中，层析液不能没及滤液细线。

（4）由于层析剂由几种极易挥发的溶剂组成，所以实验中应保证试管口的密封，否则会因层析剂挥发损失影响分离效果。

七、思考讨论

（1）叶绿素在蓝光区的吸收峰高于红光区吸收峰，为何不用蓝光区的光吸收来测定叶绿素含量？

（2）计算叶绿素 a 与叶绿素 b 含量的比值，可以得到什么结论？

（3）比较阳生植物和阴生植物的叶绿素 a 和叶绿素 b 的含量以及比例，可以得到什么结论？

实验十六 洋葱根尖细胞有丝分裂标本制备与观察

一、实验目的

（1）学习植物染色体压片法。
（2）观察植物根尖细胞有丝分裂各个时期染色体的变化。

二、实验原理

各种生长旺盛的植物组织，如根尖、茎尖、愈伤组织、萌发的花粉管等常进行着细胞有丝分裂。有丝分裂是生物体细胞增殖的主要方式。在有丝分裂过程中细胞核内染色体能准确地复制，并能有规律地均匀分配到两个子细胞中，使子细胞遗传组成与母细胞一致。

对分裂旺盛材料加以固定、解离、染色、压片就可以迅速将细胞铺展分散在载玻片上进行观察，这是遗传学上通过细胞分裂观察研究染色体形态、结构和计数最常用的基本方法。

有丝分裂是一个连续的过程，可以分为前期、中期、后期和末期。整个分裂过程占整个细胞周期10%的时间，其余大部分时间处于间期，所以我们观察到的大多数是处于间期的细胞。有丝分裂中期是对染色体进行形态观察和计数的最佳时期。比较清晰的分裂相压片还可以进行显微照相、核型分析和鉴别杂种。

三、实验用具药品

（1）实验材料：洋葱/大蒜根尖。
（2）试剂：乙醇（95%）、盐酸（质量分数15%）、醋酸、龙胆紫溶液（0.01g/mL）（将龙胆紫溶解在质量分数为2%的醋酸溶液中配制而成）。
（3）器材：显微镜、载玻片、盖玻片、温度计、镊子、解剖针、吸水纸。

四、实验方法与步骤

1. 取材
剪除洋葱老根，置于盛满清水的烧杯上，待新根长至2cm左右时（约三天），于上午9：00左右，剪取根尖2~3mm。
2. 预处理
收获的根尖浸入0.05%秋水仙素溶液2~4h。预处理的目的是降低细胞质的黏度，使染色体缩短分散，防止纺锤体形成，让更多的细胞处于分裂中期（由于时间原因，也可以不做）。
3. 固定
预处理材料经蒸馏水冲洗几次后，用卡诺固定液处理24h以上。长期保存可用70%乙醇。
4. 解离
固定好的材料用蒸馏水冲洗后，放入1mol/L盐酸，60℃解离8~10min。使分生组织细胞间的果胶质分解，细胞壁软化或部分分解，使细胞和染色体容易分散压平。注意解离时间按材料而定需要摸索：时间短，细胞不易压散；时间长，细胞容易压碎，影响染色。

5. 压片染色

解离后的根尖，用蒸馏水换洗几次后，取一根根尖放在载玻片上，用刀片切除延长区（根冠和分生区白色），加入一滴染液后用解剖针拍碎呈浆状，然后再滴加 1~2 滴龙胆紫染液，染色 10min 后盖上盖玻片，隔一层吸水纸用手适度加压，吸除多余染液。

6. 观察

先在低倍镜下找到生长点细胞（细胞呈正方形，排列紧密），再换高倍镜仔细观察。首先找到分裂中期的细胞，然后再找前期、后期、末期的细胞，注意观察各时期细胞内染色体形态和分布的特点。最后观察分离间期的细胞。

五、实验结果与分析

作业：绘制有丝分裂各时期染色体动态变化简图（图 1）。

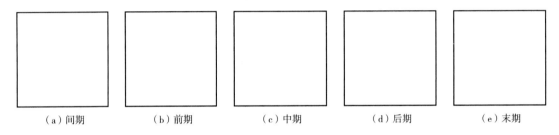

| （a）间期 | （b）前期 | （c）中期 | （d）后期 | （e）末期 |

图 1　染色体动态变化简图

六、实验注意事项

（1）压片的材料要少，避免细胞紧贴在一起，致使细胞和染色体没有伸展的余地。

（2）用手指对载玻片加压时，手指向下垂直用力且不要在载玻片上发生相对滑动，否则会把细胞弄烂。

七、思考讨论

（1）实验结果观察过程中，处于哪一时期的细胞数量最多？为什么？

（2）张三同学实验操作基本正确，但是没有找到分裂时期的细胞。请分析可能的原因。

（3）李四同学实验时用 0.05% 秋水仙素溶液预处理根尖一段时间，实验效果很好。为什么？

实验十七 植物细胞凋亡的诱导及检测

一、实验目的

学习并掌握细胞凋亡的诱导及检测方法。

二、实验原理

程序性死亡或细胞凋亡是多细胞生物体中一些细胞所采取的一种由自身基因调控的主动死亡方式。细胞凋亡明显有别于由环境恶化导致的细胞死亡（坏死）。细胞凋亡的形态学特征是在细胞核中的染色体聚集，细胞核断裂，细胞表面层上微绒毛的消失，和细胞质的聚集等。当细胞开始细胞凋亡时，它们变得萎缩。细胞内成分立即被巨噬细胞和周围的细胞吞噬，而不会释放到细胞外面。因此，其不会诱导炎症，并且周围的细胞不会受到细胞凋亡的影响。

植物细胞由于覆有细胞壁，难以操作与检测，因此凋亡研究相对起步较晚。现在许多研究证明，植物中也普遍存在凋亡现象。从个体发育的角度来说，它是植物生长发育的一个基本组成部分；从进化角度来看，则是植物在长期的逆境中获得的一种适应性机制。

三、仪器与试剂

（1）实验材料与仪器：洋葱；大蒜；离心管、镊子、解剖针；显微镜等。

（2）试剂：PBS（磷酸缓冲液）：（NaCl 8g；$Na_2HPO_4 \cdot 2H_2O$ 3.6g；KCl 0.2g；KH_2PO_4 0.24g，溶解于1000mL 蒸馏水）；4%多聚甲醛（溶于 PBS 中，pH 值7.4）；0.5%碱性品红染液；30% H_2O_2 溶液。

四、实验步骤

1. 洋葱鳞茎内表皮细胞凋亡的诱导

取新鲜洋葱室温下于清水中培养数小时，使其活化。自洋葱鳞茎上切取 $1cm^2$ 左右的内表皮若干，分成三组。第一组是正对照，为正常细胞；第二组是试验组，分四管，每管 10 片洋葱内表皮，分别于 0.1mol/L NaCl/$CaCl_2$，0.2mol/L NaCl/$CaCl_2$，0.3mol/L NaCl/$CaCl_2$，0.4mol/L NaCl/$CaCl_2$ 中培养（1~4 组做不同浓度氯化钠诱导；5~8 组做不同浓度氯化钙诱导）；第三组是负对照，为煮沸 20min 的坏死细胞。三组处理，2h 后于 0.5%碱性品红染液染色 20min 后制片，观察并记录试验结果。

2. 大蒜根尖生长点细胞凋亡的诱导

将大蒜瓣置于28℃恒温培养箱中蒸馏水催根，待大蒜根长至 1.5~2.0cm 时，用浓度为 1%~4%的 H_2O_2 胁迫处理大蒜根尖生长点细胞4h，对照组28℃培养4h。

3. 大蒜根尖生长点细胞凋亡的检测

（1）固定：将根尖置于甲醛：冰醋酸=3：1的固定液中固定30min。

（2）解离：将固定的根尖水洗 3 次，至于 1mol/L 的盐酸中，60℃水浴，解离 10min。

（3）染色与制片：将解离好的材料用蒸馏水冲洗 3 次，用刀片切取分生区（根尖 1~2mm），滴 1 滴 0.5% 碱性品红染液染色 10~15min，盖上盖玻片，用镊子轻轻垂直敲击盖片，把材料震散成一薄层，置显微镜下观察。

五、实验结果

1. 不同处理洋葱鳞茎内表皮细胞的形态特征（表 1）

表 1　不同处理洋葱鳞茎内表皮细胞的形态特征

观察倍数	未经处理的正常细胞		煮沸后 20min 的坏死细胞		诱导后凋亡的细胞	
	形态特征描述	图片	形态特征描述	图片	形态特征描述	图片

2. 不同离子浓度胁迫诱导洋葱鳞茎内表皮细胞的凋亡（表 2）

表 2　不同离子浓度胁迫诱导洋葱鳞茎内表皮细胞的凋亡

离子浓度	未经处理的正常细胞		诱导后凋亡的细胞	
	形态特征描述	图片	形态特征描述	图片

3. H_2O_2 诱导大蒜根尖生长点细胞的凋亡（表 3）

表 3　H_2O_2 诱导大蒜根尖生长点细胞的凋亡

H_2O_2 浓度	未经处理的正常细胞		H_2O_2 诱导后凋亡的细胞	
	形态特征描述	图片	形态特征描述	图片
1%				
2%				
3%				
4%				

六、思考题

（1）诱导细胞凋亡的因素有哪些？

（2）凋亡细胞的特征有哪些？

（3）动物细胞凋亡常见的研究方法有哪些？

（4）简述细胞凋亡机制的研究及其意义。

七、心得体会

实验十八　ABO 血型检测

一、实验原理

根据红细胞上有无 A 抗原、B 抗原或 AB 抗原，将血型分为 A 型、B 型、AB 型及 O 型四种。本实验采用红细胞凝集试验，用已知抗 A 和抗 B 单克隆抗体来测定红细胞上有无相应的 A 抗原、B 抗原或 AB 抗原来确定 ABO 血型。

抗原抗体反应-在 ABO 血型系统中，红细胞膜上抗原分 A 和 B 两种抗原，而血清抗体分抗 A 和抗 B 两种抗体。A 抗原加抗 A 单克隆抗体或 B 抗原加抗 B 单克隆抗体，则产生凝集现象→从而测知受试者红细胞膜上有无 A 或/和 B 抗原→判断血型。抗体在相邻的红细胞表面抗原决定簇之间搭桥形成肉眼可见的颗粒状凝集团块。

二、实验目的

（1）了解各种血细胞的结构特点。
（2）掌握血涂片的制作。
（3）掌握 ABO 血型的鉴定方法。

三、材料用具及仪器

（1）实验材料：受检者血液。
（2）试剂：抗 A、抗 B 血型定型试剂；75% 乙醇。
（3）器材：消毒采血针；载玻片；消毒棉签载玻片、脱脂棉、针、酒精棉球、冰箱、显微镜等。

四、实验方法与步骤

（一）血细胞形态观察

1. 采血与涂片

75% 酒精棉，对左手无名指进行表面消毒，待酒精挥发后，用一次性采血针刺破指尖，用右手压挤这个伤口两旁，挤出血来，用载玻片与血滴接触取血。另取一片载玻片与前玻片上的血滴接触，使两玻片成 40°~45°，血滴就沿玻片边缘散开在两玻片的接触面上。迅速向前推动载玻片，使血在载玻片上形成血膜（图 1）。血要涂得快、涂得薄，血膜分布均匀，呈粉红色，否则血细胞重叠，不易观察。

2. 染色

待血干燥后，在血涂片上滴上适量的 Giemsa-Wright 染液，要求盖上血膜。1~2min 以后用等量的蒸馏水滴在染液上，轻摇玻片，使之充分混合。再静止 3~5min 后，用清水漂洗直到血涂片呈淡红色为止，干燥后即可镜检。注意：染色最好是在一个平的地方，片子两端用蜡笔画条线，防止溢出；水速不能太快，否则会把载玻片上的血细胞都给冲走。

3. 观察

高倍镜观察血涂片，能看到染成红色的血细胞中，夹着染成不同颜色的白细胞。白细胞有好几种，观察并区分它们，将它们的特征描述出来。

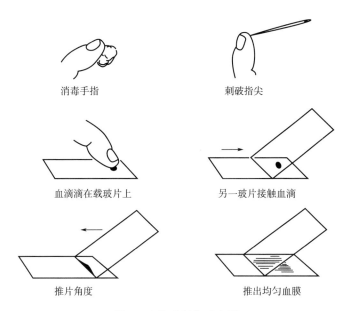

消毒手指　　　　　　　　刺破指尖

血滴滴在载玻片上　　　　另一玻片接触血滴

推片角度　　　　　　　　推出均匀血膜

图 1　血涂片制作示意图

观察时选一厚薄适宜部位置显微镜下观察。先用低倍镜观察全片，了解涂片染色、细胞分布情况，再用高倍镜观察。

（1）红细胞：数量最多，体积小而圆、均匀分布，呈红色的圆盘状，边缘厚，着色较深，中央薄，着色较浅，无细胞核、细胞器，胞质内充满血红蛋白。

（2）白细胞：白细胞数量较红细胞数量少，但胞体大，细胞核明显，极易与红细胞区别开。

（3）嗜中性粒细胞：是白细胞中较多的一种，占白细胞总数 50% ~ 70%。体积比红细胞大，主要的特征是胞质中的特殊颗粒细小，分布均匀，着淡紫红色。胞核着深紫红色，一般分 3~5 叶，叶间以染色质丝相连。核分叶的多少与该细胞年龄有关，如核为杆状，则为嗜中性粒细胞的幼稚型。

（4）嗜酸性粒细胞：比中性粒细胞略大，数量少，约占 7% 以下。核常分两叶，着紫蓝色。主要特点是胞质内充满粗大、圆形的颗粒，色鲜红或桔红。

（5）嗜碱性粒细胞：数量很少，约占 1% 以下。在一般血涂片上不易找到，体积比上述 2 种白细胞稍小。胞质中分散着许多大小不一的深紫蓝色颗粒。胞核形状不定，圆形或分叶，也染成紫色，但染色略浅，一般都被颗粒遮盖，形状不清

（6）淋巴细胞：数量较多，占 20% ~ 40%，可见中、小型淋巴细胞。其中小淋巴细胞最多，略大于红细胞。核大而圆，几乎占据整个细胞，染成深蓝紫色。胞质极少，仅在核的一侧出现一线状天蓝色或淡蓝色的胞质。中淋巴细胞比红细胞大，胞质较小淋巴细胞的稍多，着色较浅。核圆形或卵圆形，位于细胞中部，也染成深蓝紫色。

（7）单核细胞：数量少，占2%~8%，是细胞中体积最大的一种，胞核呈肾形、马蹄形，常在细胞一侧，着色比淋巴细胞浅。

（8）血小板：为形状不规则的细胞小体，其周围部分为浅蓝色，中央有细小的紫色颗粒，常聚集成群，分布于红细胞之间。高倍镜下一般只能看到成堆的紫色颗粒，在油镜下才能看到颗粒周围的浅色胞质部分。

（二）血型鉴定

（1）标记玻片：取洁净玻片一张，用蜡笔在玻片两端分别标明 A/B（图2）。

图2　标记玻片

（2）滴加血清：在玻片 AB 两端分别滴加标准抗 A 血型定型剂和抗 B 血型定型剂各一滴（图3）。

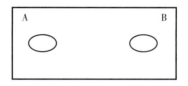

图3　滴加血清

（3）消毒采血：用无菌棉签蘸取消毒液，消毒左手无名指指腹皮肤，用消毒采血针垂直刺入消毒皮肤处取血各一滴分别涂于玻片的标准抗 A 血型定型剂和标准抗 B 血型定型剂中，分别用无菌牙签将其混匀。

（4）观察反应：静置10~15min 后用肉眼观察有无凝集现象。如果外观略呈花边状或锯齿状，看上去有沉淀，则多为凝集；如果血滴呈均匀状态，边缘整齐，则多为不凝集。

进一步在低倍镜下观察：在低倍镜下，如果观察到红细胞凝集成团，或尚有少数游离细胞，则为凝集现象；如果红细胞均为游离状态，则为不凝集。根据镜下所见有无凝集现象判定血型。

（5）结果判断：根据被试者红细胞是否被抗 A、抗 B 血型定型试剂所凝集，判断其血型（图4）。

五、实验结果

（1）绘制显微镜下观察到的血涂片结果，标明红细胞、白细胞和血小板（图5）。

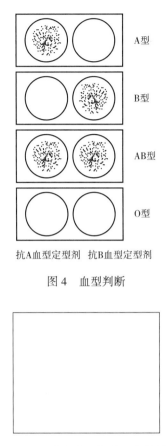

图 4　血型判断

图 5　血涂片中血细胞观察结果

（2）通过实验确定了自己的血型是什么？

六、注意事项

（1）玻片、试管都要标记，抗 A、抗 B 血型定型试剂绝对不能相混，不要依靠用染料颜色标记血清。工作中要形成良好的习惯！

（2）所用玻片、试管实验前必须清洗干净，以免出现假凝集现象。

（3）红细胞悬液滴管头不能接触标准血清液面，竹签一端去混匀一侧就不能去接触另一侧。

（4）一般先加血清，然后再加红细胞悬液，便于核实是否漏加血清。

（5）离心时间、速度严格要求，以防假阳性或假阴性结果。

（6）要在光亮的背景下观察凝集，可使用光镜检查小的凝集，同时应注意观察凝集强度，有助于 A、B 亚型的发现，观察后立即记录观察结果，拍照保存。

七、思考讨论

（1）红细胞在不同渗透环境中的变化情况并讨论原因

（2）假如一父母的血型为 A+B，那么其后代的血型可能是什么？

（3）血细胞涂片用于血液常规检测有什么临床意义？

第五部分　食品分析与检测

实验一　淀粉的糊化和凝胶化实验

一、实验目的

（1）了解淀粉糊化和凝胶形成作用的不同。

（2）了解直链/支链淀粉比改变对淀粉糊黏度和淀粉凝胶强度的影响。

（3）了解淀粉浓度、类型、糊化温度以及蔗糖、有机酸对淀粉糊化及凝胶形成的影响。

二、实验原理

常见的食用淀粉包括谷物淀粉、块茎淀粉和豆类淀粉等。淀粉处于淀粉粒状态是不能食用的，不论是为了去除生淀粉的风味、提高淀粉的消化性，还是发挥淀粉的增稠和凝胶作用，都要求使淀粉糊化。淀粉糊化时，其黏性和凝胶性质因淀粉品种不同而不同。这主要是由于不同品种淀粉所含的直链淀粉和支链淀粉比例不同，另外淀粉粒大小和聚合度不同也有一定的影响。

普通玉米、小麦、马铃薯淀粉中直链/支链淀粉比分别为23/77、24/76和22/78，大米淀粉中该比值为17/83，蜡质玉米和糯米淀粉中很少或几乎不含直链淀粉，而绿豆和豌豆淀粉中很少含支链淀粉。这些不同造成了它们具有不同的食用功能。

淀粉粒在水中加热所发生的变化叫糊化。常温下，淀粉悬液中的淀粉粒无明显变化；随着加热到60~70℃，水分子可穿透淀粉粒中的无定形区；继续升温则结晶区的氢键被打断，整个淀粉粒会更加疏松膨胀。使全部淀粉粒发生膨胀，双折射现象从开始失去到完全失去的温度范围叫糊化温度范围（表1）。在糊化中除淀粉膨胀外，直链淀粉还会从膨胀的淀粉粒中向外扩散，当直链淀粉扩散到水中后就形成胶体溶液，而未破坏的淀粉粒悬浮于其中。当温度更高时，淀粉粒便破裂成一系列片段。

表1　不同粮食淀粉的糊化温度范围

粮食	双折射现象失去的温度/℃		
	开始	中点	终点
玉米	62	66	70
小麦	59.5	62.5	64
马铃薯	58	62	66
大米	68	74.5	78
蜡质玉米	63	68	72
绿豆、豌豆	57	65	70
高直链玉米	67	80	高于100

糊化后的淀粉液冷却时，直链淀粉间首先形成氢键而相互结合，当高度膨胀的淀粉粒与临近的直链淀粉间形成广泛的三维网状结构而形成凝胶，大量水固定在该网状结构中。凝胶形成后的前几个小时，凝胶强度不断加强，直至趋于稳定。一般情况下，增加直链淀粉的比例，增稠作用（黏度引起）和凝胶强度都增加。

淀粉的糊化、凝胶化和增稠性质极易受食品中多种其他成分影响。蔗糖会使黏度降低，能使糊化起始温度提高，还能使膨胀的淀粉更耐机械作用力，而不易被打碎。酸能使淀粉糊黏度降低，也能使淀粉凝胶强度降低。在酸热作用下，淀粉会水解为糊精，既会导致淀粉粒过早片段化，又会导致进入溶液的直链淀粉部分水解。但不论是蔗糖还是酸都会使淀粉糊更加透明。

三、实验材料与仪器（以一组实验计）

1. 材料

冰若干，白糖 110g，柠檬汁 110mL，玉米淀粉 80g，小麦淀粉 40g，马铃薯淀粉 40g，大米淀粉 40g，绿豆淀粉 40g。

2. 器材

温度计 1 支，线扩散模具（或用切口整齐的粗玻璃管代替）2 个，小玻板（10cm×10cm）48 块，300mL 塑料开水杯 16 个，锅 2 个，竹签 2 个，碗 16 个，500mL 刻度量筒 2 个。

3. 基本配方

玉米淀粉 16g，水 230mL。

四、实验步骤

1. 基本操作

称料，校正温度计后把淀粉与水加入锅中，搅匀后文火加热，在不断搅动下直至沸腾，记录沸点温度，在沸腾下搅动保持 1min。将锅从火上移开，自然冷却至 90℃时，取 20mL 热溶胶液，加入线扩散模具（放于玻璃板上），然后提起模具让溶胶液自然向四周分散，直到停止扩散（或限定扩散时间为 1min）。测量线扩散在东、南、西、北四个方向的扩散距离，其平均值即为线扩散值。

完成线扩散测量后，将剩余溶胶液的一部分（定量，如 150mL）倒入塑料杯中，用玻板盖住杯口，然后放入冰水碗中冷却。另一部分自然冷却，当温度达到 30℃时，再取 20mL 作线扩散实验。冰水碗内的塑料杯可在凝胶形成后取出，尽量控制使冷却时间和最终温度在各次实验中相同。用竹签插入杯内的凝胶中，测量凝胶高度。然后将杯中凝胶块倒在玻璃板上，再次用竹签测量高度，求出凝胶下陷百分比。

$$下陷百分比（\%）=（容器内高度-容器外高度）/容器内高度×100$$

2. 改变淀粉种类（任选两种）

（1）用 16g 小麦淀粉代替玉米淀粉，然后按基本配方、基本操作完成。

（2）用 16g 马铃薯淀粉，其他同(1)。

（3）用 16g 大米淀粉，其他同(1)。

（4）用 16g 绿豆淀粉，其他同(1)。

3. 变化淀粉浓度（任选两种）

（1）用 8g 玉米淀粉（而不是 16g 玉米淀粉）、236mL 水为配方，按基本操作完成。

（2）用 8g 小麦淀粉，其他同(1)。

（3）用 8g 马铃薯淀粉，其他同(1)。

（4）用 8g 大米淀粉，其他同(1)。

（5）用 8g 绿豆淀粉，其他同(1)。

4. 添加蔗糖和柠檬汁

（1）在基本配方中增加 25g（或者 50g）蔗糖，其他操作不变。

（2）在基本配方中用 30mL（或者 60mL）柠檬汁取代相同量的水，其他操作不变。

5. 糊化温度研究

任选二种淀粉分别按基本配方的量配料后，依次进行一次下列实验。配料入锅，文火加热，不断搅动，随时监测温度。当温度到达 70℃、80℃、90℃、95℃、沸点时立即作线扩散实验。

6. 感官评价

本实验只目测所制凝胶块的透明度，以 5 分制评定结果。

五、实验结果

将上述实验结果记录于表 2 中。

表 2　实验结果记录

编号	配方	糊化温度	沸点	线扩散值		下陷/%	感官（透明度）
				热	冷		

六、注意事项

淀粉糊化时需文火加热，并需不断搅动，且随时监测温度。

实验二 测定蛋白质功能性质的测定

一、蛋白质的溶解性

（一）实验目的

通过本实验了解蛋白质的溶解性及其影响因素。

（二）实验原理

蛋白质的溶解性是蛋白质的基本物理性质之一，一种蛋白质要有较好的功能性，它必须有较好的溶解性。影响蛋白质溶解性的因素有内部因素和外部因素。内部因素有氨基酸组成、分子结构、亲/疏水性和带电性等，外部因素有温度、pH 值、离子强度和离子对种类、其他食品成分等。这些因素通过影响蛋白质-蛋白质和蛋白质-水相互作用平衡来影响蛋白质的溶解性。

（三）实验材料和仪器

1. 试剂

蛋清蛋白，分离大豆蛋白粉，1mol/L 盐酸，1mol/L 氢氧化钠，饱和氯化钠溶液，饱和硫酸铵溶液，硫酸铵。

2. 器材

水浴锅，50mL 烧杯，试管，pH 试纸。

（四）实验步骤

（1）在 20mL 的试管（编号 A）中加入 0.5mL 蛋清蛋白，加入 5mL 水，摇匀，观察其水溶性，有无沉淀产生。在溶液中逐滴加入饱和氯化钠溶液，摇匀，得到澄清的蛋白质的氯化钠溶液。

取上述蛋白质的氯化钠溶液 3mL，加入 3mL 饱和硫酸铵溶液，观察球蛋白的沉淀析出，再加入粉末硫酸铵至饱和，摇匀，观察清蛋白从溶液中析出。解释蛋清蛋白质在水中及氯化钠溶液中的溶解度以及蛋白质沉淀的原因。

（2）在四个试管（编号为 B、C、D、E）中各加入 0.2g 大豆分离蛋白粉，分别加入 5mL 水，5mL 饱和食盐水，5mL 1mol/L 的氢氧化钠溶液，5mL 1mol/L 的盐酸溶液，摇匀，在温水浴中温热片刻，观察大豆蛋白在不同溶液中的溶解度。在第一、第二支试管中加入饱和硫酸铵溶液 3mL，析出大豆球蛋白沉淀。第三、第四支试管中分别用 1mol/L 盐酸及 1mol/L 氢氧化钠中和至 pH 值 4.5，观察沉淀的生成。解释大豆蛋白的溶解性以及 pH 值对大豆蛋白溶解性的影响。

（五）实验结果

蛋白质溶解性实验结果填入表 1。

表1　蛋白质溶解性实验结果

试管编号	现象	原因
A		
B		
C		
D		
E		

二、蛋白质的起泡性和泡沫稳定性

（一）实验目的

通过本实验了解蛋白质的起泡性质和泡沫稳定性，并掌握蛋白质的起泡性和泡沫稳定性的测定方法。

（二）实验原理

起泡性，也称发泡性，是指蛋白产品搅打起泡的能力。蛋白的这一性质在食品工业中有重要的作用，如可用作蛋类代用品作发泡剂，改善烘焙食品的品质，使产品松软可口。评价蛋白质泡沫性质的方法有多种，评价指标也很多，如泡沫密度、泡沫强度、起泡平均直径和直径分布、蛋白质的发泡能力和泡沫的稳定性等。在食品工业的实际生产中，发泡能力和泡沫稳定性是应用最广的用来评价蛋白质发泡性的指标，它们的测定方法也有多种。

蛋白质是一种表面活性剂，具有表面活性和成膜性，因此一定浓度的蛋白溶液在搅打过程中会进入空气，其溶液中会产生泡沫，而且由于蛋白质能在泡沫表面形成一定有一定强度和弹性的膜，因此蛋白质能在一定程度上使泡沫稳定。

（三）实验材料和仪器

（1）试剂：2%蛋清蛋白溶液（取2g蛋清加98g蒸馏水稀释，过滤取清液），氯化钠，酒石酸，分离大豆蛋白粉。

（2）器材：电动搅拌器，250mL烧杯，玻璃棒，玻璃管。

（四）实验步骤

（1）在三个250mL的烧杯（编号A、B、C）中各加入2%的蛋清蛋白溶液100mL，一份用电动搅拌器连续搅拌2分钟；另一份用玻棒不断搅打2分钟；再一份用玻管不断鼓入空气泡2分钟。观察泡沫的生成，估计泡沫的多少及泡沫稳定时间的长短。评价不同的搅打方式对蛋白质起泡性的影响。计算起泡性和泡沫稳定性。

（2）取两个250mL的烧杯（编号D、E）各加入2%的蛋清蛋白溶液50mL，一份放入冷水中冷却至10℃；另一份保持室温（20~25℃）。同时以相同的方式搅打2分钟，观察泡沫产生的数量及泡沫稳定性有何不同。

（3）取两个250mL烧杯（编号F、G）各加入2%蛋清蛋白溶液50mL，一份加入酒石酸0.5g；另一份加入氯化钠0.1g。以相同的方式搅拌2分钟，观察泡沫产生的多少及泡沫稳定性有何不同。

（4）用2%的大豆蛋白溶液进行以上的同样实验，比较蛋清蛋白与大豆蛋白的起泡性。

（五）实验结果

$$起泡性 = \frac{泡沫体积（mL）}{100（mL）} \times 100\%$$

静置 20min 后，再次测量泡沫体积，为泡沫稳定性。

$$泡沫稳定性 = \frac{静置后泡沫体积（mL）}{100（mL）} \times 100\%$$

（1）蛋清蛋白起泡性和稳定性实验结果填入表 2。

表 2　蛋清蛋白实验结果

烧杯编号	起泡性			泡沫稳定性		
	电动搅拌器	玻棒搅拌	玻管鼓气	电动搅拌器	玻棒搅拌	玻管鼓气
A						
B						
C						
D						
E						
F						
G						

（2）大豆蛋白起泡性和稳定性实验结果填入表 3。

表 3　大豆蛋白实验结果

烧杯编号	起泡性			泡沫稳定性		
	电动搅拌器	玻棒搅拌	玻管鼓气	电动搅拌器	玻棒搅拌	玻管鼓气
A						
B						
C						
D						
E						
F						
G						

三、蛋白质的凝胶性

（一）实验目的

通过本实验了解蛋白质的凝胶性。

（二）实验原理

蛋白质凝胶化是指热或其他试剂使蛋白质从溶液或分散液转变成凝胶网络结构，在凝胶化过程中蛋白质分子相互作用形成一个三维网状结构。疏水作用力、静电作用力、氢键和二硫键都参与了凝胶化过程。蛋白质-蛋白质、蛋白质-溶剂（水）的相互作用和多肽链的柔性都影响蛋白质凝胶的性质。

（三）实验材料和仪器

（1）试剂：分离大豆蛋白粉，δ-葡萄糖酸内酯，氯化钙饱和溶液，明胶。

（2）器材：水浴锅，天平，试管，烧杯。

（四）实验步骤

（1）在试管（试管A）中取1mL蛋清蛋白，加1mL水和几滴饱和食盐水至溶解澄清，放入沸水浴中，加热片刻观察凝胶的形成。

（2）在100mL烧杯中加入2g大豆分离蛋白粉，40mL水，在沸水浴中加热不断搅拌均匀，稍冷，将其分成两份（烧杯A和烧杯B），一份加入5滴饱和氯化钙；另一份加入0.2g δ-葡萄糖酸内酯。放置温水浴中数分钟，观察凝胶的生成。

（3）在试管（试管B）中加入0.5g明胶，5mL水，水浴中温热溶解形成黏稠溶液，冷后，观察凝胶的生成。

解释在不同情况下凝胶形成的原因。

（五）实验结果

蛋白质凝胶性实验结果填入表4。

表4　蛋白质凝胶性实验结果

器材编号	现象	原因
试管A		
试管B		
烧杯A		
烧杯B		

实验三 美拉德反应初始阶段的测定

一、原理

美拉德反应即蛋白质、氨基酸或胺与碳水化合物之间的相互作用。美拉德起始反应以无紫外吸收的无色溶液为特征，且还原力增强。随着反应不断进行，溶液变成黄色，在近紫外区吸收增大，同时还有少量糖脱水变成 5-羟甲基糠醛（HMF），以及发生键断裂形成二羰基化合物和色素的初产物，最后生成类黑精色素。本实验利用模拟实验：即葡萄糖与赖氨酸在一定 pH 缓冲液中加热反应，一定时间后测定 HMF 的含量和在波长为 285nm 处的紫外消光值（吸光度）。

HMF 的测定方法是根据与对氨基甲苯和巴比妥酸在酸性条件下的呈色反应。此反应常温下生成最大吸收波长 550nm 的紫红色。因其不受糖的影响，所以可直接测定。这种呈色物对光、氧气不稳定，操作时要注意。

二、仪器与试剂

1. 仪器

分光光度计、水浴锅、试管、碱性 pH 试纸（测 pH 值 9.0 的样品）等。

2. 试剂

（1）巴比妥酸溶液：称取巴比妥酸 500mg，加约 70mL 水，在水浴上加热使其溶解，冷却后转移入 100mL 容量瓶中，定容。

（2）对氨基甲苯（对甲苯胺）溶液：称取对氨基甲苯 10.0g，加 50mL 异丙醇，在水浴上慢慢加热使之溶解，冷却后移入 100mL 容量瓶中，加冰醋酸 10mL，然后用异丙醇定容。溶液置于暗处保存 24 小时后使用。保存 4~5 天后，如呈色度增加，应重新配制。

（3）1mol/L 葡萄糖溶液。

（4）0.1mol/L 赖氨酸溶液。

（5）2mol/L 亚硫酸钠溶液。

三、操作步骤

（1）取 5 支试管，分别加入 5mL 1.0mol/L 葡萄糖溶液和 0.1mol/L 赖氨酸溶液，编号为 A_1、A_2、A_3、A_4、A_5。A_2、A_4 调 pH 到 9.0（0.1mol/L NaOH 调节 pH），A_5 加亚硫酸钠溶液 2mL。5 支试管置于 90℃水浴锅内并记时，反应 1h，取 A_1、A_2、A_5 管，冷却后测定它们的 285nm 紫外吸收（以现配的未加热葡萄糖赖氨酸溶液为对照）和 HMF 值。

（2）HMF 的测定：A_1、A_2、A_5 各取 2.0mL 于三支试管中，加对氨基甲苯溶液 5mL。然后分别加入巴比妥酸溶液 1mL，另取一支试管加 A_1 液 2mL 和 5mL 对氨基甲苯溶液，但不加巴比妥酸液而加 1mL 蒸馏水，将试管充分振摇。试剂的添加要连续进行，在 1~2min 内加完，以加水的试管为对照，测定在 550nm 处吸光度，通过吸光度比较 A_1、A_2、A_5 中 HMF 的含量可看出麦拉德反应与哪些因素有关（表1）。

表1　麦拉德反应实验体系

编号	90℃反应1小时	反应1h后	反应条件 （1~2min内迅速加完）	对照	迅速测定
A_1	加热	测285nm吸光值	取2.0mL，加对氨基甲苯，巴比妥酸		测550nm吸光值
A_2	pH调到9.0，加热	测285nm吸光值	取2.0mL，加对氨基甲苯，巴比妥酸	取A1反应液2.0mL，加对氨基甲苯，水	测550nm吸光值
A_3	加热				记出现深色时间
A_4	pH调到9.0，加热				记出现深色时间
A_5	加亚硫酸钠2mL，加热	测285nm吸光值	取2.0mL，加对氨基甲苯，巴比妥酸		测550nm吸光值

（3）A_3，A_4两试管继续加热反应，直到看出有深颜色为止，记下出现颜色的时间。

四、注意事项

HMF显色后会很快褪色，比色时一定要快。

五、实验结果

实验报告记录相关数据（表2~表4）及解释原因。

表2　样品A_{285}测定结果

结果	A_1	A_2	A_5
A_{285}			

表3　样品A_{550}测定结果

结果	A_1	A_1	A_2	A_5
反应液体积数		2mL		
对甲基苯氨溶液		5mL		
巴比妥酸溶液	0		1mL	
蒸馏水	1mL		0	
A_{550}				

表4　样品反应时间记录表

结果	A_3	A_4
反应总时间		

实验四　脂肪氧化、过氧化值及酸价的测定（滴定法）

一、实验目的

掌握油脂酸价、过氧化值等指标的测定方法。

二、原理

脂肪氧化的初级产物是氢过氧化物 ROOH，因此通过测定脂肪中氢过氧化物的量，可以评价脂肪的氧化程度。同时脂肪氧化的初级产物 ROOH 可进一步分解，产生小分子的醛、酮、酸等，因此酸价也是评价脂肪变质程度的一个重要指标。

实验中过氧化值的测定采用碘量法，即在酸性条件下，脂肪中的过氧化值与过量的 KI 反应生成 I_2，用 $Na_2S_2O_3$ 滴定生成的 I_2，求出每千克油中所含过氧化物的毫摩尔数，称为脂肪的过氧化值（POV）。

酸价的测定是根据酸碱中和的原理进行。即以酚酞作指示计，用氢氧化钾标准溶液进行滴定中和油脂中的游离脂肪酸。酸价越高，游离脂肪酸含量越高。

脂肪氧化的初级产物是氢过氧化物 ROOH，因此通过测定脂肪中氢过氧化物的量，可以评价脂肪的氧化程度。同时脂肪氧化的初级产物 ROOH 可进一步分解，产生小分子的醛、酮、酸等，因此酸价也是评价脂肪变质程度的一个重要指标。本实验通过油脂在不同条件下贮藏，并定期测定其过氧化值和酸价，了解影响油脂氧化的主要因素。与空白和添加抗氧化剂的油样品进行比较，观察抗氧化剂的性能。

实验中过氧化值的测定采用碘量法，即在酸性条件下，脂肪中的过氧化值与过量的 KI 反应生成 I_2，用 $Na_2S_2O_3$ 滴定生成的 I_2，求出每千克油中所含过氧化物的毫摩尔数，称为脂肪的过氧化值（POV）。

酸价的测定是利用酸碱中和反应，测出脂肪中游离酸的含量。油脂的酸价以中和1g脂肪中游离脂肪酸所需消耗的氢氧化钾的毫克数表示。

三、仪器和试剂

1. 仪器

碱式滴定管、锥形瓶 250mL、移液管 1mL、天平（感量 0.001g）、量筒 100mL、碘价瓶 250mL、微量碱式滴定管 5mL、量筒（5mL、50mL）、移液管。

2. 试剂

（1）丁基羟基甲苯（BHT）。

（2）0.01mol/L $Na_2S_2O_3$：用标定的 0.1mol/L $Na_2S_2O_3$（需提前标定）稀释而成。

（3）氯仿—冰乙酸混合液：取氯仿 40mL 加冰乙酸 60mL，混匀。

（4）饱和碘化钾溶液：取碘化钾 10g，加水 5mL，贮于棕色瓶中。如发现溶液变黄，应重新配制。

（5）0.5%淀粉指示剂：500mg 淀粉加少量冷水调匀，再加一定量沸水（最后体积约为100mL）。

（6）0.1mol/L 氢氧化钾（或氢氧化钠）标准溶液。

（7）中性乙醚–95%乙醇（2∶1）混合溶剂：临用前用 0.1mol/L 碱液滴定至中性。

（8）1%酚酞乙醇溶液。

四、实验步骤

（一）过氧化值测定

（1）称取混合均匀的油样（表1）2~3g 于碘量瓶中，或先估计过氧化值，再按表2称样。

（2）加入氯仿–冰乙酸混合液 30mL，充分混合。

（3）加入饱和碘化钾溶液 1mL，加塞后摇匀，在暗处放置 3~5min。

（4）加入 50mL 蒸馏水，充分混合后立即用 0.01mol/L 硫代硫酸钠标准溶液滴定至浅黄色时，加淀粉指示剂 1mL，继续滴定至蓝色消失为止。

（5）同时做不加油样的空白试验。

表1 油脂样品

编号	样品
1	室温保存食用油
2	添加 0.012g BHT，60℃加热 6~8h 的油脂
3	未添加 BHT，60℃加热 6~8h 的油脂

表2 油样称取量

估计的过氧化值（毫克当量）	所需油样/g
0~12	5.0~2.0
12~20	2.0~1.2
20~30	1.2~0.8
30~50	0.8~0.5
50~90	0.5~0.3

（二）酸价测定

（1）按表3称取均匀的油样注入锥形瓶。

（2）加入中性乙醚–乙醇溶液 50mL，摇动，使油样完全溶解。

（3）加 2~3 滴酚酞指示剂，用 0.1mol/L 的碱液滴定至出现微红色在 30 秒内不消失，记下消耗的碱液体积 V。

表3 油样取样量

估计酸价	油样量/g	准确度
<1	20	0.05
1~4	10	0.02

估计酸价	油样量/g	准确度
4~5	2.5	0.01
15~75	0.5	0.001
>75	0.1	0.0002

（三）结果计算

1. 过氧化值（POV）

$$POV = \frac{N \times V \times 1000}{W} \quad (\text{mmol/kg } \text{油})$$

式中：N——$Na_2S_2O_3$ 溶液摩尔浓度，mol/L；

V——消耗 $Na_2S_2O_3$ 溶液体积，mL；

W——称取油脂重量，g。

双试验结果匀许差不超过 0.4meq/kg，求其平均数，即为测定结果。测定结果取小数点后第一位。

2. 酸价

$$\text{酸价}（\text{mg KOH/g } \text{油}）= \frac{N \times V \times 56.1}{W}$$

式中：N——氢氧化钾的摩尔浓度；

V——消耗氢氧化钾溶液的体积，mL；

W——称取油脂重量，g。

双试验结果允许差不超过 0.2mg KOH/g 油，求其平均数，即为测定结果。测定结果取小数点后第 1 位。

五、注意事项

（1）测定蓖麻油时，只用中性乙醇而不用混合溶剂。

（2）测定深色油的酸价，可减少试样用量，或适当增加混合溶剂的用量，以百里酚酞或麝香草酚酞作指示剂，以使测定终点的变色明显。

（3）滴定过程中如出现混浊或分层，表明由碱液带进水过多，乙醇量不足以使乙醚与碱溶液互溶。一旦出现此现象，可补加95%的乙醇，促使均一相体系的形成。

（4）加入碘化钾后，静置时间长短以及加水量多少，对测定结果均有影响。

（5）过氧化值过低时，可改用 0.005mol/L 硫代硫酸钠标准溶液进行滴定。

六、思考题

油脂氧化的检测指标还有哪些?

实验五　面粉中水分、灰分含量的测定

一、实验目的

进一步熟悉天平的有关知识及操作；熟悉样品的预处理方法；熟悉鼓风恒温烘箱、高温炉的使用；掌握常压烘箱干燥法测定水分的方法，掌握灰分的测定方法；进一步培养准确、如实、整齐、简明地记录实验原始数据的习惯。

二、实验原理

食品中的水分一般是指在100℃左右直接干燥的情况下，所失去物质的总含量。直接干燥法适用于在95~105℃下，不含或含其他挥发性物质甚微的食品。

食品经灼烧后所残留的无机物称为灰分，灰分用灼烧称量法测定。

三、主要仪器与试剂

（1）鼓风恒温烘箱、高温炉、分析天平、扁型称量瓶（盒）、干燥器、瓷盘、瓷坩埚（带盖，已编号）、坩埚钳、酒精灯或可调电炉、铁三角、泥三角。

（2）6mol/L HCl：量取100mL盐酸，用水稀释至200mL。

（3）6mol/L NaOH：称取24g NaOH，加水溶解并稀释至100mL。

（4）海砂：取用水洗去泥土的海砂或河砂，先用6mol/L HCl煮沸0.5h，用水洗至中性，再用6mol/L NaOH煮沸0.5h，用水洗至中性，经100℃干燥备用。

四、实验步骤

（一）水分的测定

1. 固体样品

取洁净铝制或玻璃制的扁形称量瓶，置于101~105℃干燥箱中，瓶盖斜支于瓶边，加热1.0h，取出盖好，置干燥器内冷却0.5h，称量。重复干燥至前后两次质量差不超过2mg，即为恒重。

将混合均匀的试样迅速磨细至颗粒小于2mm，不易研磨的样品应尽可能切碎，称取2~3g试样（精确至0.0001g），放入此称量瓶中，试样厚度不超5mm，如为疏松试样，厚度不超过10mm。加盖，精密称量后，置于101~105℃干燥箱中，瓶盖斜支于瓶边，干燥2~4h后，盖好取出，放入干燥器内冷却0.5h后称量。然后再放入101~105℃干燥箱中干燥1h左右，取出，放入干燥器内冷却0.5h后再称量。重复以上操作至前后两次质量差不超过2mg，即为恒重。

注：两次恒重值在最后计算中，取质量较小的一次称量值。

2. 半固体或液体试样

取洁净的称量瓶，内加10g海砂（实验过程中可根据需要适当增加海砂的质量）及一根小玻棒，置于101~105℃干燥箱中，干燥1.0h后取出，放入干燥器内冷却0.5h后称量，并重复干燥至恒重。然后称取5~10g试样（精确至0.0001g），置于称量瓶中，用小玻棒搅匀放在沸水浴上蒸干，并随时搅拌，擦去瓶底的水滴，置于101~105℃干燥箱中干燥4h后盖好取出，放入干燥器内冷却0.5h后称量。然后再放入101~105℃干燥箱中干燥1h左右，取出，放入干燥器内冷却0.5h后再称量。重复以上操作至前后两次质量差不超过2mg，即为恒重。

（二）灰分的测定

1. 坩埚预处理

（1）含磷量较高的食品和其他食品。取大小适宜的石英坩埚或瓷坩埚置高温炉中，在（550±25）℃下灼烧30min，冷却至200℃左右，取出，放入干燥器中冷却30min，准确称量。重复灼烧至前后两次称量相差不超过0.5mg为恒重。

（2）淀粉类食品。先用沸腾的稀盐酸洗涤，再用大量自来水洗涤，最后用蒸馏水冲洗。将洗净的坩埚置于高温炉内，在（900±25）℃下灼烧30min，并在干燥器内冷却至室温，称重，精确至0.0001g。

2. 称样

迅速称取样品2~10g（马铃薯淀粉、小麦淀粉以及大米淀粉至少称5g，玉米淀粉和木薯淀粉称10g），精确至0.0001g。将样品均匀分布在坩埚内，不要压紧。

3. 测定

将坩埚置于高温炉口或电热板上，半盖坩埚盖，小心加热使样品在通气情况下完全炭化至无烟，即刻将坩埚放入高温炉内，将温度升高至（900±25）℃，保持此温度直至剩余的碳全部消失为止，一般1h可灰化完毕。冷却至200℃左右，取出，放入干燥器中冷却30min，称量前如发现灼烧残渣有炭粒时，应向试样中滴入少许水湿润，使结块松散，蒸干水分再次灼烧至无炭粒即表示灰化完全，方可称量。重复灼烧至前后两次称量相差不超过0.5mg为恒重。

五、计算公式

1. 试样中水分含量的计算

$$X=\frac{m_2-m_3}{m_2-m_1}\times100\%$$

式中：X——样品中水分的含量，%；

m_1——称量瓶（或称量瓶加海砂、玻棒）的质量，g；

m_2——称量瓶（或称量瓶加海砂、玻棒）和样品的质量，g；

m_3——称量瓶（或称量瓶加海砂、玻棒）和样品干燥后的质量，g。

水分含量≥1%时，计算结果保留三位有效数字；水分含量<1%时，计算结果保留两位有效数字。

2. 试样中灰分含量的计算

$$Y=\frac{m_6-m_4}{m_5-m_4}\times100\%$$

式中：Y——样品中灰分的含量，%；

m_4——坩埚的质量，g；

m_5——坩埚和样品的质量，g；

m_6——坩埚和灰分的质量，g。

试样中灰分含量≥10g/100g 时，保留三位有效数字；试样中灰分含量<10g/100g 时，保留两位有效数字。

六、注意事项

（1）合理安排实验，水分、灰分的测定操作可交叉进行。

（2）样品应切碎或磨碎。

（3）称量瓶（皿）底部直径应在 4cm 以上，高 2cm 以上，样品铺平后厚度应为 5mm 左右。用前洗净，干燥时瓶盖斜支在瓶口上，冷却时要盖好。

（4）干燥器的干燥剂可用无水硫酸钙、变色硅胶等，大部分吸水后应及时更换。

（5）有的样品（如面包）水分的测定宜采用两步干燥法。

取一定量样品于低温干燥（或室温风干）一定时间后，再在烘箱中于指定温度下烘至恒重（或烘干一定时间）。如面包中水分的测定，取一定量面包，切成 2~3mm 厚的薄片，自然风干 15~20h，称量、磨碎、过筛，分取一部分在烘箱中干燥至恒重。

（6）瓷坩埚恒重操作前应用（1+1）HCl 煮沸，再用水洗净。新的瓷坩埚还需在盖及底上编号，一般用配好的 $Fe(NO_3)_3$ 溶液或 $FeCl_3$ 溶液在盖及底上编好号后置高温炉中灼烧。

（7）注意称量瓶、瓷坩埚的拿取什么时候须用滤纸条，什么时候可不用滤纸条。

七、思考题

（1）常压烘箱干燥法测定水分，误差产生的原因有哪些？

（2）富含糖分、淀粉、蛋白质的样品炭化时易出现什么现象，可怎样处理？

实验六　饼干中脂肪含量的测定 （酸水解法）

一、实验目的

熟悉食品中脂肪含量的测定方法及应用范围；掌握酸水解法测定脂肪含量的方法；熟悉恒温水浴锅的使用。

二、实验原理

样品用酸水解后用乙醚提取，除去溶剂即得游离及结合脂肪总量。

三、主要仪器与试剂

分析天平、恒温水浴锅、具塞刻度量筒（100mL）、大试管（50mL）、干燥器、锥形瓶、玻璃棒、瓷盘、盐酸（25+11）、95%乙醇、无水乙醚、石油醚（沸程30~60℃）。

四、实验步骤

（1）样品处理。

固体样品：称取2~5g，准确至0.001g，置于50mL大试管内，加8mL水，混匀后再加10mL盐酸。

液体样品：称取约10.0g，准确至0.001g，置于50mL大试管内，加10mL盐酸。

（2）将试管放入70~80℃水浴中，每隔5~10min以玻棒搅拌1次，至样品消化完全为止，40~50min。

（3）取出试管，加入10mL乙醇，混合。冷却后将混合物移入100mL具塞量筒中，以25mL无水乙醚分次洗试管和玻璃棒，一并倒入具塞量筒中。待无水乙醚全部倒入量筒后，加塞振摇1min，小心开塞，放出气体，再塞好，静置12min，小心开塞，并用石油醚—乙醚等量混合液冲洗塞及筒口附着的脂肪。静置10~20min，待上部液体澄清，吸出上清液置于已恒重的锥形瓶内。再加5mL无水乙醚于具塞量筒内，振摇，静置后，仍将上层乙醚吸出，放入原锥形瓶内。

（4）将锥形瓶置水浴上蒸干，置95~105℃烘箱中干燥1h，取出放入干燥器内冷却0.5h后称量。重复以上操作直至恒重（两次称量的差不超过2mg）。

五、计算

$$X = \frac{m_1 - m_0}{m_2} \times 100\%$$

式中：X——样品中脂肪的含量,%；

　　　m_1——锥形瓶和脂肪的质量，g；

　　　m_0——锥形瓶的质量，g；

m_2——样品的质量（如是测定水分后的样品，按测定水分前的质量计），g。

六、注意事项

（1）该方法适用于各类食品中总脂肪含量的测定，不宜测定含大量磷脂的食品，因其会分解为脂肪酸、碱。

（2）石油醚的作用为减少抽出液中水分含量。

七、思考题

（1）加 8mL 水的作用是什么？

（2）消化后加 10mL 95%乙醇，其作用是什么？

实验七　蜂蜜中还原糖的测定（直接滴定法）

一、实验目的

熟悉食品中还原糖含量的测定方法；熟悉样品的预处理；掌握测定还原糖含量的直接滴定法。

二、实验原理

样品经除去蛋白质后，在加热条件下，直接滴定标定过的碱性酒石酸铜液，以次甲基蓝作指示剂，根据样品液消耗体积，计算还原糖量。

三、主要仪器与试剂

（1）分析天平、酸式滴定管、锥形瓶、铁架台、容量瓶。

（2）碱性酒石酸铜甲液：称取15g硫酸铜（$CuSO_4 \cdot 5H_2O$）及0.03g次甲基蓝，溶于水中并稀释至1000mL。

（3）碱性酒石酸铜乙液：称取50g酒石酸钾钠与75g氢氧化钠，溶于水中，再加入4g亚铁氰化钾，完全溶解后，用水稀释至1000mL，贮存于橡胶塞玻璃瓶内。

（4）乙酸锌溶液：称取21.9g乙酸锌，加3mL冰乙酸，加水溶解并稀释至100mL。

（5）10.6%亚铁氰化钾溶液。

（6）盐酸。

（7）葡萄糖标准溶液：精密称取1.000g经过98～100℃干燥至恒重的纯葡萄糖，加水溶解后加入5mL盐酸，以水稀释至1000mL。此溶液1mL相当于1mg葡萄糖。

四、实验步骤

1. 试样制备

（1）含淀粉的食品。称取粉碎或混匀后的试样10~20g（精确至0.001g），置250mL容量瓶中，加水200mL，在45℃水浴中加热1h，并时时振摇，冷却后加水至刻度，混匀，静置，沉淀。吸取200mL上清液置于另一250mL容量瓶中，缓慢加入乙酸锌溶液5mL和亚铁氰化钾溶液5mL，加水至刻度，混匀，静置30min，用干燥滤纸过滤，弃去初滤液，取后续滤液备用。

（2）酒精饮料。称取混匀后的试样100g（精确至0.01g），置于蒸发皿中，用氢氧化钠溶液中和至中性，在水浴上蒸发至原体积的1/4后，移入250mL容量瓶中，缓慢加入乙酸锌溶液5mL和亚铁氰化钾溶液5mL，加水至刻度，混匀，静置30min，用干燥滤纸过滤，弃去初滤液，取后续滤液备用。

（3）碳酸饮料。称取混匀后的试样100g（精确至0.01g）于蒸发皿中，在水浴上微热搅拌除去二氧化碳后，移入250mL容量瓶中，用水洗涤蒸发皿，洗液并入容量瓶，加水至刻度，混匀后备用。

（4）其他食品。称取粉碎后的固体试样 2.5~5g（精确至 0.001g）或混匀后的液体试样 5~25g（精确至 0.001g），置 250mL 容量瓶中，加 50mL 水，缓慢加入乙酸锌溶液 5mL 和亚铁氰化钾溶液 5mL，加水至刻度，混匀，静置 30min，用干燥滤纸过滤，弃去初滤液，取后续滤液备用。

2. 标定碱性酒石酸铜溶液

各吸取 5.0mL 碱性酒石酸铜甲液和乙液，置于 150mL 锥形瓶中，加水 10mL，加入玻璃珠 2 粒，从滴定管滴加约 9mL 葡萄糖标准溶液，控制在 2min 内加热至沸，趁沸以每 2s 1 滴的速度继续滴加葡萄糖标准溶液，直至溶液蓝色刚好褪去为终点，记录消耗葡萄糖标准溶液的总体积。平行操作 3 份，取其平均值，计算每 10mL（甲、乙液各 5mL）碱性酒石酸铜溶液相当于葡萄糖的质量（mg）。

3. 样品溶液预测

各吸取 5.0mL 碱性酒石酸铜甲液和乙液，置于 150mL 锥形瓶中，加水 10mL，加入玻璃珠 2 粒，控制在 2min 内加热至沸，趁沸以先快后慢的速度，从滴定管中滴加样品溶液，并保持溶液沸腾状态，待溶液颜色变浅时，以每 2s 1 滴的速度滴定，直至溶液蓝色刚好褪去为终点，记录样液消耗体积。

注：当样液中还原糖浓度过高时，应适当稀释后再进行正式测定，使每次滴定消耗样液的体积控制石酸铜溶液时所消耗的还原糖标准溶液的体积相近，约 10mL，结果按式（1）计算；当加入 10mL 高浓度样品液，免去加水 10mL，再用还原糖标准溶液滴定至终点，记录消耗的体积原糖标准溶液体积之差相当于 10mL 样液中所含还原糖的量，结果按式（2）计算。

4. 样品溶液滴定

各吸取 5.0mL 碱性酒石酸铜甲液和乙液，置于 150mL 锥形瓶中，加水 10mL，加入玻璃珠 2 粒，从滴定管滴加比预测体积少 1mL 的样品溶液，使在 2min 内加热至沸，趁沸继续以每 2s 1 滴的速度滴定，直至蓝色刚好褪去为终点，记录样液消耗体积。平行操作 3 份，得出平均消耗体积。

五、计算

试样中还原糖的含量按式（1）计算：

$$X = \frac{m_1}{m_0 \times F \times \dfrac{V_2}{250.00} \times 1000} \times 100 \tag{1}$$

式中：X——样品中还原糖的含量（以葡萄糖计），g/100g；

m_1——10mL 碱性酒石酸铜溶液（甲、乙液各 5mL）相当于还原糖（以葡萄糖计）的质量，mg；

m_0——样品质量，g；

V_2——测定时平均消耗样品溶液体积，mL；

F——系数，含淀粉的食品为 0.8，其余为 1。

当浓度过低时，试样中还原糖的含量按式（2）计算：

$$X = \cfrac{m_2}{m_0 \times F \times \cfrac{10}{250.00} \times 1000} \times 100 \qquad (2)$$

式中：X——样品中还原糖的含量（以葡萄糖计），g/100g；

m_2——标定时体积与加入样品后消耗的还原糖标准溶液体积之差相当于某种还原糖的
质量，mg；

m_0——样品质量，g；

10——样液体积，mL；

F——系数，含淀粉的食品为0.8，其余为1。

还原糖含量≥10g/100g 时，计算结果保留三位有效数字；还原糖含量<10g/100g 时，计算结果保留两位有效数字。

六、注意事项

（1）费林试剂与还原糖的反应很复杂，没有定量的化学计量关系，所以这是一种具有较强经验性的方法。实验要求一定的碱度、一定的加热条件和加热时间，在测定时应严格执行操作规程。

（2）不要随意摇动锥形瓶，以免空气进入。

（3）预测的目的：还原糖的浓度不能过大或过小（0.1%左右），消耗体积应与标液相近；保证在较短时间内完成滴定操作。

七、思考题

（1）整个滴定过程为什么必须在沸腾的溶液中进行？

（2）怎样确定蜂蜜的称取质量？

实验八 原子吸收光谱法测定菜叶中铜的含量

一、实验目的

熟悉样品的湿法消化法；熟悉原子吸收分光光度计的原理、基本构件、基本操作及应用；熟悉标准加入法进行定量分析；掌握样品中铜含量的 AAS 测定方法。

二、实验原理

如果试样中基体成分十分复杂，就不能使用标准曲线来进行定量分析，这时可采用另一种定量方法——标准加入法。其测定过程和原理如下：

取等体积的试液两份，分别置于相同容积的容量瓶中，然后在其中一个瓶中加入一定量的待测元素的标准溶液，分别用水稀释至刻度，摇匀，分别测定其吸光度，则：

$$A_x = kc_x$$
$$A_0 = k\ (c_x + c_0)$$

整理后有：

$$c_x = \frac{A_x c_0}{A_0 - A_x}$$

式中：c_x 为待测元素的浓度；c_0 为加入标准溶液后溶液浓度的增量；A_x、A_0 分别为两次测量的吸光度。

在实际测定中，采用作图法所得结果更为准确。一般吸取若干份等体积试液置于相应只等容积的容量瓶中，从第二只容量瓶开始，分别按比例递增加入待测元素的标准溶液，然后用溶剂稀释至刻度，摇匀，分别测定溶液 c_x，c_x+c_0，c_x+2c_0，c_x+3c_0，…的吸光度为 A_x，A_1，A_2，A_3，…，然后以吸光度 A 对待测元素标准溶液的加入量作图，得如图 1 所示的直线，其纵坐标轴上 A_x 截距为只含试样的吸光度，延长直线与横坐标轴相交于 c_x，即为所要测定的试样中该元素的浓度。

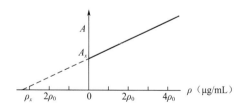

图 1 标准加入法工作曲线

在使用标准加入法时应注意以下几个方面。

（1）为了得到较为准确的外推结果，至少要配制四种不同比例加入量的待测元素标准溶液，以提高测量准确度。

（2）绘制的工作曲线斜率不能太小，否则外延后将引入较大误差；为此应使一次加入量 ρ_0 与未知量 ρ_x 尽量接近。

（3）本法能消除基体效应带来的干扰，但不能消除背景吸收带来的干扰。

（4）待测元素的浓度与对应的吸光度应呈线性关系，即绘制的工作曲线应呈直线，而且当待测元素不存在时工作曲线应该通过零点。

采用原子吸收光谱分析法测定有机金属化合物、生物材料或含有大量有机溶剂的试样中的金属元素时，由于有机化合物在火焰中燃烧，将改变火焰性质、温度、组成等，并且还经常在火焰中生成未燃尽的碳的微细颗粒，影响光的吸收，因此一般预先以湿法消化或干法灰化的方法除去有机物。湿法消化是使用强氧化性酸，如 HNO_3、H_2SO_4、$HClO_4$ 等与有机化合物溶液共沸，使有机化合物分解除去。干法灰化是在高温下灰化、灼烧，使有机物质被空气中的氧所氧化而破坏。本实验采用湿法消化菜叶中的有机物质。

三、主要仪器与试剂

（1）原子吸收分光光度计及配套设备、高筒烧杯、容量瓶、移液管、量筒、吸量管。

（2）浓硫酸、浓硝酸、浓盐酸。

（3）铜标准贮备液（1000μg/mL）：准确称取 0.5000g 金属铜（优级纯）100mL 烧杯中，盖上表面皿，加入 10mL 浓硝酸溶液溶解，然后将溶液转移到 500mL 容量瓶中，用 1：100 硝酸溶液稀释到刻度，摇匀备用。

（4）铜标准使用液（100μg/mL）：准确吸取 10mL 铜标准贮备液于 100mL 容量瓶中，用 1：100 硝酸溶液稀释到刻度，摇匀备用。

四、实验步骤

1. 仪器调试

根据具体仪器设定实验条件，调试好仪器。

2. 菜叶试样的消化

称取 100g 菜叶试样于 500mL 高筒烧杯中，加热蒸发至浆液状，一边搅拌，一边慢慢加入 20mL 浓硫酸，加热消化。若一次消化不完全，可再加入 20mL 浓硫酸继续消化。然后加入 10mL 浓硝酸，加热，若溶液呈黑色，再加入 5mL 浓硝酸，继续加热，如此反复直至溶液呈淡黄色，此时菜叶中的有机物质全部被消化完。将消化液转移到 100mL 容量瓶中，并用去离子水稀释到刻度，摇匀备用。

3. 配制铜标准溶液系列

取 5 只 100mL 容量瓶，各加入 10mL 上述菜叶消化液，然后分别加入 0.00mL、2.00mL、4.00mL、6.00mL、8.00mL 铜标准使用液，用去离子水稀释至刻度，摇匀备用。该标准溶液系列铜的质量浓度分别为 0.00μg/mL、2.00μg/mL、4.00μg/mL、6.00μg/mL、8.00μg/mL。

4. 测量标准溶液系列溶液的吸光度

在测量之前，先用去离子水喷雾，调节读数至零点，然后按照浓度由低到高的原则，依次间隔测量标准溶液系列溶液并记录吸光度。

测定结束后，先吸喷去离子水，清洁燃烧器，然后关闭仪器。关仪器时，必须先关乙炔，再关电源，最后关闭空气。

五、数据记录及处理

（1）记录实验条件。

（2）在下表中记录铜标准系列溶液的吸光度，然后以吸光度为纵坐标，质量浓度为横坐标绘制工作曲线。

铜标准溶液 V/mL	0.00	2.00	4.00	6.00	8.00
ρ_{Cu}/（μg/mL）					
吸光度 A					

（3）延长工作曲线与质量浓度轴相交，交点为 ρ_x，将求得的 ρ_x 换算成菜叶消化液中铜的质量浓度。

（4）根据菜叶试液被稀释情况，计算菜叶中铜的含量，以 μg/mL 表示。

六、思考题

（1）一般什么时候使用标准加入法？使用标准加入法要注意些什么？

（2）标准加入法与工作曲线法有什么异同？

实验九 白酒中甲醇含量的测定

一、实验目的

掌握 722 型分光光度计的使用；熟悉有关溶液的配制方法；掌握测定白酒中甲醇含量的测定方法。

二、实验原理

甲醇为白酒中的有害成分，甲醇经氧化转化为甲醛和甲酸，皆为毒性较强的物质。甲醇在人体内有积累作用，即使是少量甲醇也能引起慢性中毒，视力模糊，严重时失明。中毒剂量个体差异很大，最低 4~10mL 可使人中毒，7~8mL 可引起失明，30~100mL 可使人致死。

植物细胞壁及细胞间质的果胶中含有甲醇酯，在曲酶作用下，放出甲氧基形成甲醇。以含果胶多的水果、薯类、糠麸类等做白酒原料时，酒中甲醇含量较高。

我国食品卫生标准规定：以谷类为原料的酒中，甲醇的含量不得超过 0.04g/100mL，以薯类及代用品为原料者，甲醇的含量不得超过 0.12g/100mL。

将甲醇氧化成甲醛后，与亚硫酸品红作用，生成蓝紫色化合物，与标准系列比较定量。有关反应如下：

甲醇在磷酸介质中被高锰酸钾氧化为甲醛：

$$5CH_3OH+2KMnO_4+4H_3PO_4 = 5HCHO+2KH_2PO_4+2MnHPO_4+8H_2O$$

过量的高锰酸钾用草酸还原：

$$2H_2C_2O_4+2KMnO_4+3H_2SO_4 = 2MnSO_4+K_2SO_4+10CO_2\uparrow+8H_2O$$

甲醛与亚硫酸品红作用生成蓝紫色化合物：

品红   亚硫酸品红(无色)

蓝紫色

三、主要仪器与试剂

（1）722 型分光光度计、恒温水浴锅、具塞比色管。

（2）高锰酸钾-磷酸溶液：称取 3g 高锰酸钾，加入 15mL 85% 磷酸和 70mL 水，溶解后加水至 100mL。贮于棕色瓶内，防止氧化力下降，保存时间不宜过长。

（3）草酸-硫酸溶液：称取 5g 无水草酸（$H_2C_2O_4$）或 7g 含 2 分子结晶水草酸（$H_2C_2O_4 \cdot 2H_2O$），溶于 100mL 1∶1 硫酸中。

（4）亚硫酸品红溶液：称取 0.1g 碱性品红，溶于 60mL 约 80℃ 的热水中。冷却后加 10mL 10%亚硫酸钠溶液（取 1g 亚硫酸钠，溶于 10mL 水中），加 1mL 浓盐酸，充分搅拌，此时溶液呈微红色，加水至 100mL，于棕色瓶中放置 2h 以上，呈无色后即可使用。若溶液仍有颜色，可加少量活性炭搅拌后过滤，贮于棕色瓶中，置暗处保存，溶液呈红色时应弃去重新配制。

（5）甲醇标准溶液：称取 1.000g 甲醇，置于 100mL 容量瓶中，加水稀释到刻度。此溶液 1mL 相当于 10mg 甲醇，置低温保存。

（6）甲醇标准使用液：吸取 10mL 甲醇标准溶液，置于 100mL 容量瓶中，加水稀释到刻度。此溶液 1mL 相当于 1mg 甲醇。

（7）无甲醇酒精：取 300mL 无水乙醇，加高锰酸钾少许，于沸水浴中蒸馏，收集馏出液。于馏出液中加入硝酸银溶液（取 1g 硝酸银，溶于少量水中）和氢氧化钠溶液（取 1.5g 氢氧化钠，溶于温热酒精中），摇匀，放置过夜，取上清液蒸馏。弃去最初 50mL 馏出液，收集中间馏出液约 200mL。

质量检查：吸取 0.3mL 无甲醇酒精，置于 10mL 具塞比色管中，加水至 5mL，加 2mL 高锰酸钾-磷酸溶液，混匀，放置 10min。加 2mL 草酸-硫酸溶液，混匀。褪色后再加 5mL 亚硫酸品红溶液，混匀。于 20℃ 以上静置 0.5h，与试剂空白比较应不呈色。

四、实验步骤

1. 绘制标准曲线

取 6 支 10mL 具塞比色管，依次加入 0.00mL、0.20mL、0.40mL、0.60mL、0.80mL、1.00mL 甲醇标准使用液（相当于 0.0mg、0.2mg、0.4mg、0.6mg、0.8mg、1.0mg 甲醇），于各管中加入 0.3mL 无甲醇酒精后，加水至 5mL。将上述各管放入 35℃ 水浴中保温 10min，各加 2mL 高锰酸钾-磷酸溶液，混匀，在 35℃ 氧化 15min；再各加 2mL 草酸-硫酸溶液，混匀，褪色后各加 5mL 亚硫酸品红溶液，混匀，置于 25℃ 水浴中静置 1h。用 2cm 比色皿，以零管作参比液调节零点，于 590nm 波长处测定吸光度。以吸光度为纵坐标，甲醇质量（mg）为横坐标作图，即得标准曲线。

2. 样品的测定

亚硫酸品红溶液的呈色灵敏度与乙醇含量有关，故样品管与标准管的酒精度应一致。标准管在补水至 5mL 后的酒精度为 6%（V/V），因此样品管也应控制酒精度为 6%（V/V）。于是，测定时取酒样体积可按下式计算：

$$V=\frac{5 \times 6}{D}$$

式中：V——测定时应取酒样体积，mL；

　　　5——补水后试样管总体积，mL；

　　　6——补水后 5mL 试液中酒精度，%（V/V）；

D——样品的酒精度（可用酒精比重计测定），%（V/V）。

吸取 VmL 酒样，置于 10mL 具塞比色管中，加水至 5mL，与标准曲线同样操作。于 590nm 波长处测定吸光度后，从标准曲线上查得对应的甲醇质量（mg），或与标准系列目测比较（目视比色法）定量。

五、计算

$$X = \frac{m}{V \times 1000} \times 100$$

式中：X——样品中甲醇的含量，g/100mL；

m——VmL 样品中含甲醇的质量（从标准曲线上查得），mg；

V——测定用样品体积，mL。

六、注意事项

（1）亚硫酸品红法测定甲醇，在一定酸度下，甲醛所形成的蓝紫色不褪，而其他醛类色泽很容易消失。上述操作条件下，测定甲醇的浓度下限约 0.04g/100mL。

（2）低浓度甲醇的标准曲线不呈直线，不符合比尔定律。

（3）亚硫酸品红法测定甲醇时影响因素很多，主要是温度和酒精浓度。

温度的影响：加入草酸–硫酸溶液时产生热量，使温度升高，宜适当冷却后再加入亚硫酸品红溶液。显色温度最好在 20℃ 以上室温下进行，温度越低，显色时间越长；温度越高，显色时间越短，但颜色稳定性差。

酒精浓度的影响：显色灵敏度随酒精浓度不同而改变，酒精浓度为 5%~6%（V/V）时显色灵敏度较高，故在操作中试样管和标准系列管的酒精浓度需一致。

（4）为提高甲醇测定的灵敏度，可采用铬变酸（又称变色酸）比色法。

七、思考题

（1）在操作过程中，是否应该先进行标准曲线的绘制，再进行样品的测定？为什么？

（2）721、722 型分光光度计的主要区别在哪？

实验十 奶粉中蛋白质的测定

一、实验目的

熟悉食品中氮含量的种类及测定方法；熟悉总氮量与蛋白质含量的关系；进一步熟悉样品的湿法消化法和分光光度计的使用；掌握蛋白质的测定方法。

二、实验原理

蛋白质是含氮的有机化合物。食品与硫酸和催化剂一同加热消化，使蛋白质分解，分解的氨与硫酸结合生成硫酸铵，在 pH 为 4.8 的乙酸钠-乙酸缓冲溶液中与乙酰丙酮和甲醛反应生成黄色的 3，5-二乙酰-2，6-二甲基-1，4-二氢化吡啶化合物。产物在波长 400nm 下测定吸光度值，与标准系列比较定量，结果乘以系数，即为蛋白质含量。

三、主要仪器与试剂

（1）分析天平、自动消化仪（或 100mL 或 500mL 定氮瓶）、凯氏定氮法、分光光度计。

（2）硫酸铜。

（3）硫酸钾。

（4）硫酸。

（5）氢氧化钠（300g/L）。

（6）对硝基苯酚指示剂（1g/L）：称取 0.1g 对硝基苯酚指示剂溶于 20mL 95% 乙醇中，加水稀释至 100mL。

（7）乙酸溶液（1mol/L）：量取 5.8mL 乙酸，加水稀释至 100mL。

（8）乙酸钠溶液（1mol/L）：量取 41g 无水乙酸钠，加水稀释至 500mL。

（9）乙酸钠-乙酸缓冲溶液：量取 60mL 乙酸钠溶液与 40mL 乙酸溶液混合，该溶液 pH 为 4.8。

（10）显色剂：15mL 甲醛与 7.8mL 乙酰丙酮混合，加水稀释至 100mL，剧烈振摇混匀（室温下放置稳定 3d）。

（11）氨氮标准储备液（1.0g/L）：称取 105℃ 干燥 2h 的硫酸铵 0.4720g，加水溶解后移于 100mL 容量瓶内，加水定容至刻度，混匀，此溶液每毫升相当于 1.0mg 氮。

（12）氨氮标准使用溶液（0.1g/L）：用移液管吸取 10.00mL 氨氮标准储备液于 100mL 容量瓶内，加水定容至刻度，混匀。此溶液每毫升相当于 0.1mg 氮。

四、实验步骤

1. 试样消解

称取充分混匀的固体试样 0.1~0.5g（精确至 0.001g）移入干燥的 100mL 或 250mL 定氮瓶中，加入 0.1g 硫酸铜、1g 硫酸钾及 5mL 硫酸，摇匀后于瓶口放一小漏斗，将定氮瓶以 45°

斜支于有小孔的石棉网上。缓慢加热，待内容物全部炭化，泡沫完全停止后，加强火力，并保持瓶内液体微沸，至液体呈蓝绿色澄清透明后，再继续加热 0.5h。取下放冷，慢慢加入 20mL 水，放冷后移入 50mL 或 100mL 容量瓶中，并用少量水洗定氮瓶，洗液并入容量瓶中，再加水至刻度，混匀备用。按同一方法做试剂空白试验。

2. 试样溶液的制备

吸取 2.00~5.00mL 试样或试剂空白消化液于 50mL 或 100mL 容量瓶内，加 1~2 滴对硝基苯酚指示剂溶液，摇匀后滴加氢氧化钠溶液中和至黄色，再滴加乙酸溶液至溶液无色，用水稀释至刻度，混匀。

3. 标准曲线的绘制

吸取 0.00mL、0.10mL、0.20mL、0.40mL、0.60mL 和 0.80mL 氨氮标准使用溶液（相当于 0.00μg、5.00μg、10.0μg、20.0μg、40.0μg、60.0μg、80.0μg 和 100.0μg 氮），分别置于 10mL 比色管中。加 4.00mL 乙酸钠-乙酸缓冲溶液及 4.00mL 显色剂，加水稀释至刻度，混匀。置于 100℃ 水浴中加热 15min。取出用水冷却至室温，移入 1cm 比色杯中，以零管为参比，于波长 400nm 处测量吸光度值，根据标准各点吸光度值绘制标准曲线或计算线性回归方程。

4. 试样测定

吸取 0.50~2.00mL 试样溶液，分别于 10mL 比色管中。加 4.00mL 乙酸钠-乙酸缓冲溶液及 4.00mL 显色剂，加水稀释至刻度，混匀。置于 100℃ 水浴中加热 15min。取出用水冷却至室温，移入 1cm 比色杯中，以零管为参比，于波长 400nm 处测量吸光度值。试样吸光度值与标准曲线比较定量或代入线性回归方程求出含量。

五、计算

$$X = （m_1-m_0）\times100\times FV_1V_3 / （mV_2V_4\times1000\times1000）$$

式中：X——样品中蛋白质的含量，g/100g；

V_1——样品消化液定容体积，mL；

V_2——制备试样溶液的消化液体积，mL；

m_1——试样测定液中氮的含量，μg；

m_0——试剂空白测定液中氮的含量，μg；

V_3——试样溶液总体积，mL；

V_4——测定用试样溶液体积，mL；

m——样品的质量（体积），g；

F——氮换算为蛋白质的系数。

蛋白质中的氮含量一般为 15%~17.6%，按 16% 计算乘以 6.25 即为蛋白质；乳制品为 6.38，面粉为 5.70，玉米、高粱为 6.24，花生为 5.46，米为 5.95，大豆及其制品为 5.71，肉与肉制品为 6.25，大麦、小米、燕麦、裸麦为 5.83，芝麻、向日葵为 5.30。

蛋白质含量≥1g/100g 时，结果保留三位有效数字；蛋白质含量<1g/100g 时，结果保留三位有效数字。

六、注意事项

（1）消化过程中，若硫酸损失较多，可酌量补加，勿使瓶内干涸。消化液加水稀释后应及时进行蒸馏，否则应保存消化液，临用时加水稀释。

（2）实验时注意安全。小心取用硫酸；蒸馏过程中切忌火力不稳，防止倒吸现象。

七、思考题

（1）K_2SO_4、$CuSO_4$、H_2SO_4 的作用各是什么？

（2）怎样确定试样溶液的制备、试样测定中吸取试样溶液的体积？

实验十一　火腿中亚硝酸盐含量的测定

一、实验目的

熟悉样品的预处理；掌握分光光度法测定火腿中亚硝酸盐含量的原理与方法。

二、实验原理

亚硝酸盐采用盐酸萘乙二胺法测定。试样经沉淀蛋白质、除去脂肪后，在弱酸条件下，亚硝酸盐与对氨基苯磺酸重氮化后，再与盐酸萘乙二胺偶合形成紫红色染料，外标法测得亚硝酸盐含量。

三、主要试剂与仪器

（1）仪器：分光光度计、绞肉机、电子天平、电炉、带塞比色管等。

（2）饱和硼砂溶液（50g/L）：称取 5.0g 硼酸钠，溶于 100mL 热水中，冷却后备用。

（3）亚铁氰化钾溶液（106g/L）：称取 106.0g 亚铁氰化钾，用水溶解，并稀释至 1000mL。

（4）乙酸锌溶液（220g/L）：称取 220.0g 乙酸锌，先加 30mL 冰醋酸溶解，用水稀释至 1000mL。

（5）对氨基苯磺酸溶液（4g/L）：称取 0.4g 对氨基苯磺酸，溶于 100mL 20%（V/V）盐酸中，置棕色瓶中混匀，避光保存。

（6）盐酸萘乙二胺溶液（2g/L）：称取 0.2g 盐酸萘乙二胺，溶于 100mL 水中，混匀后，置棕色瓶中，避光保存。

（7）亚硝酸钠标准贮备液（$NaNO_2$ 200μg/mL）：精确称取 100.0mg 于硅胶干燥器干燥 24h 的亚硝酸钠，加水溶解移入 500mL 容量瓶中，并定容至刻度。

（8）亚硝酸钠标准应用液（$NaNO_2$ 5μg/mL）：准确吸取亚硝酸钠标准贮备液 5.0mL 置于 200mL 容量瓶中，加水稀释至刻度，混匀，现用现配。

四、实验步骤

1. 样品处理

用绞肉机将火腿肠绞碎，称取 5g（精确至 0.01g，如制备过程中加水，应按加水量折算）于烧杯中，加入 12.5mL 硼砂饱和溶液，搅拌均匀。用约为 70℃ 的热水 300mL 将烧杯内容物洗入 500mL 容量瓶中，置沸水浴中加热 15min。取出后冷却至室温。然后一边轻轻摇动一边滴加 5mL 乙酸锌溶液以沉淀蛋白质。摇匀，再加入 5mL 亚铁氰化钾溶液以除去剩余的乙酸锌待完全冷至室温后加水至刻线，摇匀，静置 30min。撇去上层脂肪，将溶液过滤，取中间澄清溶液供测定。

2. 绘制标准曲线

准确吸取 0.00mL、0.20mL、0.40mL、0.60mL、0.80mL、1.00mL、1.50mL、2.00mL、2.50mL 亚硝酸钠标准使用液，置于 50mL 比色管中，各加入 2mL 4g/L 对氨基苯磺酸溶液，混匀。静置 3~5min 后加入 1mL 2g/L 盐酸萘乙二胺溶液，加水至刻度，静置 15min。以零管调节零点，在波长 538nm 处用 2cm 比色皿测定吸光度。绘制标准曲线。

3. 样品测定

吸取 40mL 上述滤液于 50mL 比色管中，加入 2mL 0.4% 对氨基苯磺酸溶液，混匀，静置 3~5min 后各加入 1mL 0.2% 盐酸萘乙二胺溶液，加水至刻度，混匀，静置 15min，用 2cm 比色杯，以零管调节零点，于波长 538nm 处测吸光度，代入标准曲线方程，计算得出结果。

4. 实验数据记录（表1）

表1　实验有关数据

V/mL	$V_{标液}$									$V_{试液}$	
	0.00	0.20	0.40	0.60	0.80	1.00	1.50	2.00	2.50	40.0	40.0
$V_{对氨基苯磺酸}$/ mL					2.00						
$V_{盐酸萘乙二胺}$/ mL					1.00						
吸光度 A											

五、计算

亚硝酸盐（以亚硝酸钠计）含量计算：

$$X_1 = \frac{m_1 \times 1000}{m \times \dfrac{V_1}{V_0} \times 1000}$$

式中：X_1——试样中亚硝酸钠的含量，mg/kg；

　　　m_1——测定用样液中亚硝酸钠的质量，μg；

　　　m——样品的质量，g；

　　　V_1——测定用样液的体积，mL；

　　　V_0——样品的总体积，mL。

结果保留 2 位有效数字。

六、思考题

（1）实验中的参比溶液属于哪类参比溶液？

（2）计算公式中的 1000 表示的意义？

第六部分　生物食品类课程综合实习

实习一　　生物产品理化检测实习

一、实习目的

按照教学大纲要求，通过本课程实习，学生应掌握生物产品试样的采集、保存、制备方法，掌握常规分析项目的分析检测方法，熟悉有关仪器设备的操作与使用，初步具备分析解决实际问题的能力，进一步提高学生的动手能力，进一步巩固和掌握课程理论知识，理论联系实际，提高知识的应用能力。同时，学生通过实习培养学生良好的职业道德，为今后参加工作奠定基础。

二、实习内容、方式和要求

1. 实习内容

根据给出的试样［酸奶、白酒、啤酒、葡萄酒、调味品（酱油、醋、味精）、豆豉］等任一种，在实验条件允许的情况下，学生也可选择自己感兴趣的样品查找资料，了解常规分析项目、分析方法及质量技术指标，选择其中的 5~6 个项目写出实习方案，并进行分析检测（包括溶液的配制等准备工作）。实习结束后写出规范的实习报告，并对结果进行分析。

2. 实习要求

明确课程实习目的和任务；实习方案经指导老师审阅通过后才能进行下一步实习工作；认真实习，如实填写实习记录本；每一组同学既要合作，又要独立完成分析检测工作（每个同学要有自己的分析数据）。

3. 实习笔记和实习报告要求

及时如实记录数据，填写好实习笔记有关内容；按学校有关文件格式要求及时写出实习报告，要求内容具体（列出所选物料常规分析项目及质量技术指标；列出所选项目的分析检测方法及操作规程；写出原始实验数据、处理结果，并与质量技术指标对照，给出结论；总结实习获得的经验教训，提出建议）、排版规范合理。

三、实习时间、地点

实习时间：根据教学安排，时长二周。
实习地点：3 号教学楼 505。

四、指导老师和学生编组名单

指导教师：夏湘　肖庚成　尹乐斌　周晓洁等。
学生编组名单见表 1。

表1　学生编组名单

组别	姓名
1	
2	
3	
4	
5	
6	
7	
8	
9	
10	
11	

五、实习工作步骤及工作安排

（1）教师实习前两周写出实习计划，前一周将实习计划或实习指导书发给学生。

（2）实习前在教室集合，教师重申实习目的、内容和要求，强调实习纪律和安全，说明实习考核和成绩评定办法。

（3）学生查找资料，制订方案，经教师审阅后，准备仪器、材料。

（4）学生分析相关项目，写出实习报告；各小组对组员实习情况作出评价。

（5）教师批阅实习报告后，写出实习总结，给出实习成绩。

六、实习考核和成绩评定办法

考核主要包括实习方案、设计能力、学习态度、动手操作能力考核和应用知识解决问题能力的考核。其中，实习方案设计能力考核通过学生预先提交实习方案的可行性进行评定；学习态度主要考核学生出勤情况、及时观察、准确记载、实事求是、劳动卫生等方面的综合表现；动手操作能力的考核由指导教师根据学生操作过程中操作规范、操作的熟练程度、操作能力等给出相应的成绩；应用知识解决问题能力的考核主要通过提交实习报告的撰写情况进行评定。

学生课程实习成绩由以下4项综合评定：方案设计（15%）；出勤及表现（15%）；实习日志（30%）；实习报告（40%）。

七、实习纪律和安全保障措施

（1）实习中树立"安全第一"的思想，严格按操作规程操作；实验中注意防火、防盗、防中毒、防触电等事故发生；离开实验室前必须关闭水、电、门、窗，并指定专人（主要班干部）负责检查。

（2）服从领导，尊重指导老师，认真学习，勤于思考。

（3）全班分成 11 个实习小组，每个实习小组选出组长一人，负责登记本组人员考勤，组织调动本组同学进行实习，协助实验员老师领发、清点实验材料、仪器及药品，协助指导老师解决实习过程中出现的问题。

（4）实验仪器不得遗失、损坏、实习完毕如数归还。如有遗失，照价赔偿，并写出检讨，以告诫他人爱护公物。

（5）现场清洁卫生：每天下课前应清理现场，检查仪器、材料并归位；实习完毕应整理好实验室，清理、归还仪器和试剂。

（6）不准在工作现场喧哗、吵闹；不做与实验无关的事情；不得将实验室仪器、试剂带出室内；有事及时找老师解决。

（7）实习期间原则上不准请假，特殊情况必须经班主任（或学生辅导员）同意并报告指导老师。凡旷课三次者，平时成绩以"0"分计。

如有违纪者，指导老师有权终止其实习行动，直到其认识并改正错误。

八、学生实习进度安排表（表2）

表 2　实习进度安排表

计划周数		3 周		时间	年　月　日~　年　月　日	
起止时间	实习地点	实习内容		学生人数	指导教师	备注
		实习动员（内容、纪律、安全等） 学生根据分析对象，查找资料，制订分析方案 教师审定方案后，学生准备仪器、材料；分析测定相关项目；整理、归还实验仪器、试剂；写出课程实习报告，并进行分析总结				

实习二　微生物学课程实习

一、实习目的

"微生物学课程实习"是不可缺少的实践性教学环节。根据教学大纲要求，通过 3 周的实习，学生掌握微生物分离纯化、计数及发酵培养的实验基本技能和知识，让学生根据指导老师指定的内容，在老师的指导下自行完成实验方案的设计、实施及实验结果的报告；熟悉有关仪器设备的使用方法，并初步具有分析解决实际遇到的具体问题的能力。实习中应注重培养和提高动手能力，进一步巩固和深化课堂理论知识，达到理论与实践相辅相成，融会贯通，为今后参加工作奠定一定基础，并通过实习培养学生良好的职业道德观和团队分工协作精神。

二、实习内容、方式和要求

1. 实习内容、方式

根据给出的试样（酸奶、白砂糖、全脂乳粉等）查找资料，了解微生物分离纯化、计数及发酵培养的实验项目、分析方法及质量技术指标，选择其中的 4 个项目写出实习方案，并进行分析检测，实习结束后写出实习报告，并对结果进行分析。

2. 实习要求

明确课程实习目的和任务；实习方案经指导老师审阅通过后才能进行下一步实习工作；认真实习，及时如实记录数据，填写好实习笔记有关内容；按学校有关文件格式要求及时写出实习报告，要求内容具体。

（1）对指定的实习内容通过查找资料制订出详细的方案（包括原理、方法、实验的每一步骤和注意问题）。

（2）合理地选择和使用所需的仪器。

（3）能合理、准确地配制各种试剂、培养基并进行正确的消毒与灭菌。

（4）能在无菌室中正确地进行各项无菌操作。

（5）能正确地进行其他各项无菌操作。

（6）能在规定的时间内完成指定的实习内容。

（7）能对检测出的结果进行正确的分析与数据处理。

（8）每天记录及时、清楚、真实。

（9）各组内成员要相互配合，有问题应主动向老师请教。

（10）每次（天）操作完成后，要对工作区域进行清理整洁工作。

（11）爱惜仪器、节约试剂和水电，注意安全，防止意外事故发生。

（12）实习结束后写出实习报告。每一组同学既要合作，又要独立完成微生物分离纯化、计数及发酵培养。

三、实习时间、地点和实习单位

（1）实习时间：根据教学安排，时长 2 周。
（2）实习地点：3 号教学楼 402、404 等实验室。
（3）实习单位：食品与化学工程学院生物工程实验室。

四、指导老师和学生编组名单

（1）指导老师：尹乐斌、刘静霆。
（2）学生编组名单见表 1。

表 1　学生编组名单

组别	姓名
1	
2	
3	
4	
5	
6	
7	
8	
9	
10	
11	

五、实习工作步骤及工作安排

（1）教师在实习开始前两周写出实习计划，前一周将实习计划发给学生。
（2）实习前在教室集合，教师重申实习目的、内容和要求，强调实习纪律和安全，说明实习考核和成绩评定办法。
（3）学生查找资料，制订方案，经教师审阅后，准备仪器、材料。
（4）学生分析相关项目，写出实习报告；各小组对组员实习情况作出评价。
（5）教师批阅实习报告后，写出实习总结，给出实习成绩。

六、实习考核和成绩评定办法

考核方式：能力考核为主；指导教师根据以下几方面综合评定成绩。
（1）实习报告占 40%。评价标准：分析问题、解决问题的能力；实习报告的规范性、结果分析的合理性。
（2）实验操作占 30%。评价标准：方案的合理性、可行性、创新性；操作的规范性、熟练性。

（3）实习记录占20%。评价标准：真实性、合理性、规范性、详尽性。

（4）平时考核考勤占10%。评价标准：迟到、早退、缺席情况、实验台面卫生、数据记录、安全文明、团结合作、尊重教师、服从指导等。

（5）实习成绩以考查成绩单独计。

七、实习纪律和安全保障措施

（1）实习中树立"安全第一"的思想，严格按操作规程操作；服从领导，尊重指导老师，认真学习，勤于思考。

（2）全班分成8个实习小组，每个实习小组选出组长一人，负责登记本组人员考勤，组织调动本组同学进行实习，协助实验员老师领发、清点实验材料、仪器及药品，协助指导老师解决实习过程中出现的问题。

（3）实验仪器不得遗失、损坏、实习完毕如数归还。如有遗失，照价赔偿，并写出检讨，以告诫他人爱护公物。

（4）现场清洁卫生：每天下课前应清理现场，检查仪器、材料并归位。

（5）不准在工作现场喧哗，有事及时找老师解决。

（6）实习期间原则上不准请假，特殊情况必须经班主任（或学生辅导员）同意并报告指导老师。

（7）如有违纪者，指导老师有权终止其实习行动，直到其认识并改正错误。

八、学生实习教学实施安排表（表2）

表2　实习进度安排表

计划周数		3 周		时间	年　月　日~　年　月　日	
起止时间	实习地点	实习内容		学生人数	指导教师	备注
		实习动员、规范操作、注意事项				
		学生查资料，做方案（包括时间安排、原理、方法、实验的每一步骤和注意问题）				
		审查方案、指导学生修改、方案通过审核即可开始实验				
		乳酸菌的分离纯化：采样工具的清洗、包扎、消毒、灭菌；相应培养基、试剂的配制；处理样品（稀释、接种、培养）；从酸乳中分离纯化乳酸菌				
		乳酸菌的鉴别：采样工具的清洗、包扎、消毒、灭菌；相应培养基、试剂的配制；乳酸菌的活化、鉴别及保存				

续表

计划周数	3 周	时间	年 月 日 ~ 年 月 日
	乳酸菌活菌数计数：相应培养基、试剂的配制及灭菌；纯种乳酸菌的活菌计数		
	乳酸菌的发酵生产：用分离到的乳酸菌进行乳酸饮料制作		
	乳酸饮料的品尝及成绩评定		

注：本表统计包括教学计划中所有类型的实习；实习内容应与实习大纲教学大纲规定内容相符；确认后的实习计划如需变更，必须经学院及教务处批准。

实习三　发酵工程课程实习

一、实习目的

发酵工程课程实习是生物工程专业不可缺少的实践性教学环节据教学大纲要求，通过三周的实习，学生应掌握发酵产品的生产过程，熟悉生物工程的上游加工技术和下游加工技术，获得生物工艺学综合技能训练，熟悉有关仪器设备的使用方法，并初步具有分析解决实际遇到的具体问题的能力。实习中应注重培养和提高动手能力，进一步巩固和深化课堂理论知识，达到理论与实践相辅相成，融会贯通，为今后参加工作奠定一定基础，并通过实习培养学生良好的职业道德观和团队分工协作精神。

二、实习内容、方式和要求

1. 实习内容

（1）明确课程实习目的和任务；根据给出的实习项目（青霉素的发酵生产及分离纯化实验）查找资料，设计出实验方案，教师及全班学生参与讨论方案的完善，学生以组为单位自主实施。

（2）认识全自动生物反应器的结构与功能，反应前的安装和准备，反应后的拆卸和清洗等。

（3）了解 pH 电极和溶氧电极（DO）的结构和基本原理；掌握 pH 电极和溶氧电极的校正方法。

（4）发酵罐发酵生产青霉素的操作过程。

（5）青霉素的提取分离纯化。

（6）发酵液中氨基氮的测定。

（7）发酵液中还原糖和总糖的测定。

（8）发酵液中青霉素含量的测定。

（9）实习结束后写出实习报告，并对结果进行分析。

2. 实习方式

本课程实习以综合实验的形式进行实训，在教师指导下集中实习，学生独立完成实验的全过程。

3. 实习要求

（1）对指定的实习内容通过查找资料制订出详细的方案（包括原理、方法、实验的每一步骤和注意问题）。

（2）合理地选择和使用所需的仪器。

（3）能合理、准确地配制各种试剂和培养基，并进行正确的消毒与灭菌。

（4）能在无菌室中正确地进行各项无菌操作。

（5）能在规定的时间内完成指定的实习内容。

（6）每天记录。及时、清楚、真实、如实在校友邦网络平台填写实习日志。

（7）每一组同学既要合作，又要独立完成发酵及检测工作（每个同学要有自己的独立数据）。

（8）每次（天）操作完成后，要对工作区域进行清理整洁工作。

（9）爱惜仪器、节约试剂和水电，注意安全，防止意外事故发生。

（10）实习结束后写出实习报告，并对结果进行分析。

三、实习时间、地点和实习单位

（1）实习时间：2021 年上学期第 17~19 周。

（2）实习地点：3 号教学楼 402、404。

（3）实习单位：食品与化学工程学院生物工程实验室。

四、指导老师和学生编组名单

（1）实习指导教师：刘静霆、余有贵。

（2）学生编组名单见表 1。

表 1　学生编组名单

组别	姓名
1	
2	
3	
4	
5	
6	
7	
8	
9	
10	
11	

五、实习工作步骤及工作安排

（1）教师实习前两周写出实习指导书，前一周将实习指导书发给学生并做实习动员，介绍实习目的、内容和要求，强调实习纪律和安全，说明实习考核和成绩评定办法。

（2）实习第一天上午 8 点在教室集合，教师重申实习目的、内容和要求，强调实习纪律和安全。

（3）学生查找资料，制订方案。经教师审阅后，准备仪器、材料。

（4）学生进行实验。

（5）学生分析相关项目，写出实习报告；各小组对组员实习情况作出评价。

（6）教师批阅实习报告后，写出实习总结，给出实习成绩。

六、实习考核和成绩评定办法

1. 考核材料要求

（1）平时表现考核要求：不迟到、不早退、不缺席。

（2）实习方案材料要求：方案的合理性、可行性、创新性。

（3）实习日记材料要求：真实性、合理性、规范性、详尽性。

（4）实习报告材料要求：操作的规范性、熟练性；分析问题、解决问题的能力；实习报告的规范性、结果的合理性。

2. 成绩评定

指导教师对每个学生分别进行考核，考核以口试或笔试的形式进行，学生实习成绩的评定，根据学生在整个实习过程中的表现、实习方案、实习日记、实习报告的质量，按优、良、中、及格和不及格五级计分制评定成绩。

分项考核按百分制计分，累加后折算成课程最终等级，各部分所占比例可为：考勤（10%）；实习方案（20%）；实习日志（20%）；实习报告（50%）（表2）。

表2　生物工艺学课程实习成绩评定表

考核内容	考核要求	考核人	考核权重
平时表现	服从管理、遵守纪律、按时出勤	指导教师	10%
实习方案	合理性、可行性、创新性	指导教师	20%
实习日志	问题提出、分析、解答记录全面	指导教师	20%
实习报告	理论联系实际、条理清楚、论据充分、结论显明	指导教师	50%

注：表中实习报告成绩应从下几方面进行评定：实习目的明确、格式规范（占10%）；实习过程概述合理简要（占10%）；实习内容介绍完整（占20%）；实习结果的分析合理、试验中技术问题或难题的分析及解决办法或思路（占30%）；实习的收获和体会或总结（占20%）；对实习过程中的看法、不足及改进意见（占10%）。

七、实习纪律和安全保障措施

（1）实习中树立安全第一的思想，严格按操作规程操作；服从领导，尊重指导老师，认真学习，勤于思考。

（2）全班分成八个实习小组，每个实习小组选出组长一人，负责登记本组人员考勤，协助实验员老师领发、清点实验材料、仪器及药品，协助指导老师解决实习过程中出现的问题。

（3）实验仪器不得遗失、损坏、实习完毕如数归还。如有遗失，照价赔偿，并写出检讨，以告诫他人爱护公物。

（4）现场清洁卫生：每天下课前应清理现场，检查仪器、材料并归位。

（5）不准在工作现场喧哗，有事及时找老师解决。

（6）实习期间原则上不准请假，特殊情况必须经班主任（学生辅导员）同意并报告指导老师。

如有违纪者，指导老师有权终止其实习行动，直到其认识并改正错误。

八、学生实习教学实施安排表（表3）

表3　实习进度安排表

计划周数		3		时间	年　月　日～　年　月　日	
起止时间	实习地点	实习内容	学生人数	指导教师	备注	
	3L402/404 图书馆	实习动员，查找资料，制订实验方案， 学生进行实习工作准备，菌种活化				
		教师审订方案 培养基的配制与灭菌 种子培养与扩大培养				
		发酵罐的灭菌与接种 发酵工艺控制 主要指标检测				
		青霉素的分离纯化 数据处理分析、实习总结 提交实习报告				

注：本表统计包括教学计划中所有类型的实习；实习内容应与实习大纲教学大纲规定内容相符；确认后的实习计划如需变更，必须经学院及教务处批准。

实习四　白酒常见理化指标的检测：酒精度、总酸、总酯

一、白酒常见理化指标

白酒是原料经发酵后再通过蒸馏而获得的含有其他香味物质的乙醇水合物，即水、乙醇、香味物质组成。白酒的主要成分是乙醇和水，还存在有机酸、多元醇、酚类、酯类等微量成分。虽然这些成分微量，但白酒的香气和风味通常受这些微量成分直接影响，从而构成不同种类的白酒。

酯类、酸类在白酒中都是含量是除了乙醇和水外较多的成分，对酒体风格、内在质量有着非常重要的影响。这些成分是构成白酒香味成分的骨架和基础，是考察白酒质量的主要依据之一，是白酒风味的核心。其中，酸是白酒呈味的主要成分，是味的主要协调成分，在白酒香味中发挥着重要作用。而由酸和醇形成的复杂成分酯类对酒体风格、内在质量有着非常重要的影响，是构成白酒香味成分的骨架和基础，是考察白酒质量的主要依据之一。因此，对这三个理化指标的检测在白酒的生产中显得格外重要，合适的总酸、总酯的存在是白酒的勾兑，调味的核心。

二、白酒常见理化指标的检测

1. 酒精度的检测

酒精度又叫酒度，是白酒中乙醇在20℃时的体积百分含量，可由酒精的相对密度查出相应的酒精体积分数，它是白酒检验中的一个重要理化指标。

（1）相对密度法。将附有温度计的25mL密度瓶洗净，热风吹干，恒重。然后注满煮沸并冷却至15℃左右的水，插上带温度计的瓶塞，排除气泡，浸入（20±0.1）℃的恒温水浴中，待内容物达20℃时，取出。用滤纸擦干瓶壁，盖好盖子，立即称重。倒掉密度瓶中的水，用蒸馏出的白酒蒸馏液洗涤并注满蒸馏液，同上操作，称重。

（2）酒精计法。把蒸出的酒样（或原样酒）倒入洁净、干燥的100mL量筒中，同时测定酒精度及酒液温度，之后查表换成20℃的酒精含量。

2. 总酸的检测

白酒中的有机酸，以酚酞为指示剂，用NaOH标准溶液中和滴定，以乙酸乙酯计算总酸量。吸取酒样50mL于250mL三角瓶中，加入酚酞指示剂2滴，用0.1mol/L NaOH标准溶液滴定至微红色。

3. 总酯含量的检测

（1）中和滴定法。先用碱中和白酒的游离酸，再加一定量（过量）碱使酯皂化，过量的碱再用酸反滴定。0.1mol/L硫酸（$1/2H_2SO_4$）标准溶液：取浓硫酸3mL，缓缓加入适量水中，冷却后用水稀释至1L。

标定：吸取H_2SO_4溶液于25mL三角瓶中，加入2滴酚酞指示剂，以0.1mol/L NaOH标准溶液滴定至微红色。

吸取酒样 50mL 于 250mL 三角瓶中，加酚酞指示剂 2 滴，以 0.1mol/L NaOH 标准溶液滴定至微红，记录消耗体积可作总酸含量计算。再准确加入 0.1mol/L NaOH 标准溶液 25mL，摇匀，装上回流冷凝管，于沸水浴中回流 30min，取下冷却至室温。然后，用 0.1mol/L 硫酸（$1/2H_2SO_4$）标准溶液滴定过量的 NaOH 溶液，使微红色刚好完全消失为终点，记录消耗的 0.1mol/L 硫酸（$1/2H_2SO_4$）体积。

（2）电位滴定法。先用碱中和白酒的游离酸，再加一定量（过量）碱使酯皂化，过量的碱再用酸反滴定。吸取酒样 50mL 于 250mL 三角瓶中，加酚酞指示剂 2 滴，以 0.1mol/L NaOH 标准溶液滴定至微红，记录消耗体积可作总酸含量计算。再准确加入 0.1mol/L NaOH 标准溶液 25mL，摇匀，装上回流冷凝管，于沸水浴中回流 30min，取下冷却至室温。然后，用 0.1mol/L 硫酸（$1/2H_2SO_4$）标准溶液滴定过量的 NaOH 溶液，当用 0.1mol/L 硫酸（$1/2H_2SO_4$）标准溶液滴定时采用酸度计显示，滴定至 pH 9.0 时为终点。

（3）色谱法。该方法可行性低，原因是总酯包含酒体中所有的酯类物质，而色谱法测得的酯是几种、十几种、几十种，不可能测出所有的酯，所以结果偏低。

4. 总结

白酒常见理化指标检测中，对于酒精度的检测通常的相对测量密度去查出相对体积，方法较易操作。但通常所说的酒精度，指的是当温度处于 20℃ 时所测得数值；对于白酒中总酸的检测，采用酸碱中和的原理，用酚酞作指示计，滴定时所消耗碱的含量就为最终白酒中总酸的含量；对于白酒中总酯的含量测定，常见的有两种方法，但原理相同：即先用碱中和游离酸再加入一定量的碱使酯皂化，过量的碱用酸进行滴定。酯在碱性条件下水解成酸和醇，酸与碱反应生成盐和水，通过测定消耗碱的用量来计算出酯的含量。这种方法的优点是反应时间短，可不考虑副反应的影响。缺点是加热时不能密封，导致部分低沸点酯挥发而不在测量值之内。

实习五　浓香型白酒固态发酵窖池不同季节的微生物群落结构变化

一、浓香型白酒

传统的中国白酒是由高粱、玉米、大米等粮谷类作物经发酵、蒸馏、储存、勾调制成，是世界著名的蒸馏酒。根据香型分类，白酒被分为浓、清、米、酱等香型。

在酿酒过程中，大曲、发酵容器、空气、生产工具、原料等都是酿酒微生物的来源。微生物代谢多种酶，影响着微生物对物质的利用与转化，决定着白酒的风味。而且，微生物的代谢产物如醇类、酯类、酸类等，直接或间接影响着白酒的出酒率及酒质。

二、浓香型白酒固态发酵窖池中不同微生物群落的检测

1. 酿酒微生物的研究方法

（1）传统微生物的培养分离方法。对不同季节的白酒生产不同阶段的微生物进行分离鉴定、研究各阶段微生物的数量及种类变化。另外，将分离的纯种菌株进行发酵，检测代谢产物以研究分离菌株的功能。或者将分离出的菌株与一种或者几种微生物一起培养，以研究微生物间的相互作用。

（2）高通量测序技术（NGS）。高通量测序技术（NGS）也称二代测序技术，其工作原理是边合成边测序，在测序之前需要先对样品进行桥式扩增，以便得到更高的测序深度。以桥式扩增后得到的单链 DNA 作为模板，添加带有保护基团与不同荧光标记基团的四种游离碱基，故每次反应只会添加一个碱基，并且可用通过成像系统采集荧光以确定添加碱基的类别。该次反应结束后，洗去游离碱基，并通过化学试剂移除保护基团，使荧光标记失活，以进行下一次反应测定下一位碱基，该方法可以平行、全面地分析不同样本的群落结构，同时对几十万上百万条 DNA 序列进行检测。

（3）荧光原位杂交技术（FISH）。根据碱基互补配对的原则，将利用荧光标记的探针与样品核酸序列杂交，探测同源核酸序列。

2. 总结

传统的分离方法获得的是优势菌株，含量少或者难以培养的菌株很难被分离；高通量测序技术测序通量高、迅速、数据准确，但是不能证实检测到的微生物是否为活体；荧光原位杂交技术能够同时对微生物进行定性、定量和其群落结构进行研究，操作容易、安全、检测迅速。

实习六　浓香型白酒酒体感官特性与特征风味的相关性

一、浓香型白酒

白酒在我国发展历史悠久，文化底蕴深厚。作为世界六大蒸馏酒之一，中国白酒因其独特的风味特征、多样的香型体系和特殊的固态酿造技艺，在世界酒业发展中一直扮演着重要的角色。其中，以五粮液、泸州老窖、沱牌舍得等为代表的浓香型白酒，具有以浓郁窖香为主的、舒适的复合香气，绵甜醇厚，协调爽净，余味悠长，占到白酒总量半数以上的市场份额，在国家名酒中的数量也呈绝对优势，是我国白酒的重要香型之一。

二、感官特性与特征风味的相关性

目前，关于定性定量分析挥发性化合物种类及浓度变化多采用气相色谱-质谱联用技术。然而，鉴定单一挥发性化合物的风味特征不能够准确地评价其对整体风味品质的贡献，因为可感知的风味通常是混合的挥发性化合物组成且发生相互作用形成的。感官风味是由不同挥发性风味成分混合形成的，尽管醛类、醇类、酮类等物质分别呈现独特的风味，但当不同挥发性化合物混合时，形成的复合特征气味区别于它们单独呈现的感官风味。进而，采用分离鉴定单一挥发性风味组分的方法来评价其对整体感官风味的贡献具有一定的局限性。因此，多重变量分析适用于探索分析主要挥发性成分与样品和感官品质之间的相关性，从而阐明不同样品的混合组分的风味特征与感官品质的相关性。大多数实验采用电子鼻结合顶空固相微萃取-气相色谱-质谱联用（HS-SPME-GC-MS）和定量描述感官分析法探讨主要挥发性成分和感官特性变化，运用数学方法分析找出它们之间潜在的相关性。

三、总结

浓香型白酒，香味浓郁。这种香型的白酒具有窖香浓郁，绵甜爽净的特点。它的主体香源成分是己酸乙酯和丁酸乙酯。经自然固态发酵生产的浓香型白酒，酒中的香味成分非常丰富。两种以上的呈香物质相混合时，能使单体的呈香呈味有很大变化，其变化有正面效应，也有负面效应。这需要经过较长时间的贮存，让各种香味成分互相作用，联合成一个整体，白酒行业将其俗称为香味"抱团"。只有香味成分形成一个整体，才能突出其产品的独特风格。白酒香味的这种整体表现，是衡量酒质优劣的一个重要指标，可通过"香感"和"风格"这两个概念，对浓香型白酒的风味进行研究。

实习七　不同白酒品牌挥发性香气特征物质及指纹图谱的构建

一、白酒挥发性香气特征物质

中国白酒是以粮谷为原料，酒曲为主要糖化发酵剂，经蒸煮、糖化发酵、蒸馏、储存、勾兑而成的蒸馏酒。根据其风格特征及酿造工艺的不同，白酒可分为浓香型、清香型、酱香型、米香型、兼香型等12种香型，其中浓香型白酒占中国白酒市场产销量的70%左右。重要呈香物质主要为酸类、酯类、芳香族及醇类化合物。

二、检测方法

（1）电子鼻技术。电子鼻技术是由传感器阵列和自动化模式识别系统组成的一种对挥发性气体进行分析检测的仪器。色谱仪、光谱仪等仪器在测定样品挥发性气体时，得到的是被测样品中某种或某几种成分的定性与定量分析结果。而电子鼻技术得到的是样品中挥发性成分的整体信息，也称"指纹"数据。电子鼻分析技术具有操作简单、快速、重现性好等优点，在食品领域得到广泛应用，特别是水果、香辛料、烟酒、肉类、油脂等具有明显气味特征的食品。

（2）顶空固相微萃取-气相色谱-嗅闻-质谱联用（HS-SPME-GC-O-MS）技术。HS-SPME-GC-O-MS 技术是指采用顶空固相微萃取（headspace solid phase micro-extraction，HS-SPME）的挥发性香气物质提取方法，通过气相色谱-嗅闻-质谱联用仪（gas chromatography-olfactometry-mass spectrography，GC-O-MS）对样品的挥发性香气物质进行分析鉴定的一种方法。

（3）固相微萃取（solid phase micro-extraction，SPME）：固相微萃取是一种新式的样品预处理富集技术，无溶剂、检测限低、灵敏度高和操作简便等是该技术的一些优点，广泛应用于环境、药物及各种食品气味的分析检测中。而在食品气味检测方面常采用顶空固相微萃取的方法进行挥发性香气物质的萃取。

（4）气相色谱-质谱联用（GC-MS）：GC-MS 技术在食品气味分析中一直占据着重要地位。应用 GC-MS 技术检测时，先通过 GC 中有高度分离能力的毛细管柱分开不同的化合物，然后通过 MS 对 GC 流出的物质进行分子结构和含量的确定，即对挥发性物质进行定性定量分析。

三、特征香气指纹图谱研究

指纹图谱技术起源于指纹鉴定分析学，通常指采用分析检测技术和数据处理手段获得能稳定、真实、全面地反映分析对象个性的数据，具有专属性、可量化性、稳定性、重现性、有效性以及模糊性等特征。目前，指纹图谱技术在中药质量控制及鉴别、食品评价、环境保护、生物化工和电子技术等领域得到广泛应用。食品指纹图谱是指将食品特有的一些品质（如香气、元素组成、形状、色泽等），通过特定的数值转换处理后能对食品原始身份或特性进行分析判别的技术。这种识别具有唯一性，常用于食品真假识别及质量优劣鉴别。香气指纹图谱是通过分析检测食品特有香气，对食品进行分析判别，从而对食品进行品质鉴定及分级等。目前指纹图谱构建的方法主要有色谱法和光谱法，针对香气指纹图谱构建与研究的特殊性和专一性，还融入了电子鼻、GC-O等辅助分析技术。

实习八　浓香型白酒固态发酵酿造车间虚拟仿真试验

一、实习目的

本项目从实践教学的角度出发，以学员操作为主体，教师指导为辅助，将酿酒生产过程与仿真软件相结合，采用虚拟现实技术、流程工业动态过程仿真技术等先进技术形式，培养学生的安全意识、团队合作意识，树立正确的生产安全观，开拓学生的专业视野，满足新时期工科教育对人才培养的要求。通过本项目的教学，预计达成以下实验目的。

（1）改善教学环境，增强体验感。通过本实验熟悉白酒酿造生产工艺，对白酒的酿造工艺进行系统梳理，掌握酿酒企业安全操作规范。虚拟仿真实训平台具有虚拟现实的体验感，是一种多源信息融合、交互式的三维动态视景和实体行为的系统仿真，有多感知性、存在感交互性和自主性的特点，在激发学习动机、增强学习体验、创设心理沉浸感实现情境学习和知识迁移等方面优势显著。

（2）增强学习兴趣，提高学习效率。通过中控操作工与外操巡检工的配合操作，正确开展生产处置措施，提高团队意识。模拟仿真技术借助计算机软件将发酵食品生产工艺和设备展现在学生面前，通过制作各种传统发酵设备的 3D 模型，进一步模拟生产过程和相关操作，这些软件具有较强的直观性和互动性，合理使用不但能解决大部分"发酵食品工艺学"教学内容抽象和课堂枯燥等问题，而且让学生全面了解发酵食品生产全部过程、工艺要求及条件等，使学生在轻松愉快中学习更多知识和技能，增强学习兴趣，提高学习效率。

（3）增强酿酒安全操作、安全生产意识，养成良好的安全操作习惯，提高事故的应急处置及安全自救能力。了解当前酿酒行业先进的技术手段，拓展专业知识面，培养复合型酿酒专业人才。

（4）节约教学经费，方便实用。仿真系统不但能较好地提高学生分析问题和解决问题的能力，还可大幅度减轻教师的授课压力。通过仿真系统，教师能够很容易地查看相关设备介绍的图片、文字说明、原理演示动画和录像等，逼真地表现出部分不易讲解清楚的结构、工作原理及操作过程，较好地提高教学效果。学生可以直接在计算机上通过仿真软件了解相关仪器设备的结构、原理，还可以进行具体的实验模拟操作，从而掌握不同仪器使用方法。

二、实习课时

（1）实验所属课程所占课时：微生物学课程实习（2 周）、认识实习（2 周）。
（2）该实验项目所占课时：14 学时（表 1）。

表 1　实验内容和学时分布

序号	内容	讲授对象	学时	备注
1	酿酒生产企业背景、入厂安全规范等	教师讲解	1	
2	软件功能、操作要点以及实训装置主要工艺控制参数等	教师讲解	1	
3	白酒固态发酵生产虚拟仿真软件操作	学生练习	4	学习过程中，教师穿插讲解相关生产知识
4	依据工艺流程梳理 3D 厂区、车间布局以及现场布置	教师讲解	1	
5	3D 仿真软件现场操作界面	学生练习	2	
6	工艺原理与安全知识、事故应急处置方法	教师讲解	1	
7	生产事故处理流程和方法	学生练习	2	
8	操作考核	学生练习	2	
9	实验项目成绩	操作考核成绩+实验报告+实验表现		

三、实验原理（简要阐述实验原理，并说明核心要素的仿真度）

白酒的酿造工艺非常复杂，要想全面了解和掌握仅靠理论学习是远远不够的，还需要深入酒厂进行实践操作。认识实习时间有限，要想要长期深入酒厂学习比较困难，因此通过 3D 建模等先进技术，开发出完全与酒厂生产管理接轨的白酒酿造仿真教学软件，用于对生物工程专业大学生的培养是非常必要的。

本虚拟仿真实验以余有贵教授的研究成果"生态酿酒综合技术的研发及产业化"（湖南省科技进步二等奖）为实验基础，通过虚拟仿真方式，基于 U3D 三维虚拟仿真技术平台，通过模块和程序让学生在虚拟仿真环境中操作生产设备、观察实验现象、分析实验结果，采用网络化人机互动方式，让大学生的工程设计思维能力得到有效训练。

四、实习知识点介绍

白酒酿造的基本原理和过程主要包括酒精发酵、淀粉质原料糖化、制曲、原料处理、蒸馏取酒、白酒老熟和陈酿、勾兑调味。

1. 酒精发酵

酒精发酵是酿酒的主要阶段糖质原料如高粱、小麦、糯米、玉米等，其本身含有丰富的葡萄糖、果糖、蔗糖、麦芽糖等成分，经酵母或细菌等微生物的作用可直接转变为酒精。酒精发酵过程是一个非常复杂的生化过程，有一系列连续反应并随之产生许多中间产物，其中大约有 30 多种化学反应需要一系列酶的参加。酒精是发酵过程的主要产物。除酒精之外，被酵母菌等微生物合成的其他物质及糖质原料中的固有成分如芳香化合物、有机酸、维生素、矿物质、盐、酯类等往往决定了酒的品质和风格。酒精发酵过程中产生的二氧化碳会增加发酵温度，因此必须合理控制发酵的温度，当发酵温度高于 $30 \sim 34$℃，酵母菌就会被杀死而停止发酵。除糖质原料本身含有的酵母之外，还可以使用人工培养的酵母发酵，因此酒的品质因使用酵母等微生物的不同而各具风味和特色。

2. 淀粉质原料糖化

糖质原料只需使用含酵母等微生物的发酵剂便可进行发酵；而含淀粉质的谷物原料等，由于酵母本身不含糖化酶，淀粉是由许多葡萄糖分子组成，所以采用含淀粉质的谷物酿酒时，还需将淀粉糊化，使之变为糊精、低聚糖和可发酵性糖的糖化剂。糖化剂中不仅含有能分解淀粉的酶类，而且含有一些能分解原料中脂肪、白质、果胶等的其他酶类。酒曲是酿酒常用的糖化剂，由谷类、麸皮等培养霉菌、乳酸菌等组成的制品。一些不是利用人工分离选育的微生物而自然培养的大曲和小曲等，往往具有糖化剂和发酵剂的双重功能。将糖化和酒化这两个步骤合并起来同时进行，称为复式发酵法。

3. 制曲

酒曲也称酒母，多以含淀粉的谷类（大麦、情麸皮）、豆类、薯类和含葡萄糖的果类为原料和培养基，经粉碎加水成块或饼状在一定温度下培育而成。酒曲中含有丰富的微生物和培养基成分，如霉菌、细菌、酵母菌、乳酸菌等，霉菌中有曲霉菌、根霉菌、霉菌等有益的菌种。"曲为酒之母、曲为酒之骨、曲为酒之魂。"曲是提供酿酒各种酶的载体。中国是曲蘖的故乡，远在3000多年前，中国人不仅发明了曲蘖，而且运用曲蘖进行酿酒。酿酒质量的高低取决于制曲的工艺水平，历史久远的中国制曲工艺给世界酿酒业带来了极其广阔和深远的影响。中国制曲的工艺各具传统和特色，即使在酿酒科技高度发展的今天，传统作坊式的制曲工艺仍保持着原先的本色，尤其是对于名酒，传统的制曲工艺奠定了酒的卓越品质。

4. 原料处理

无论是酿造酒，还是蒸馏酒，以及两者的派生酒品，制酒用的主要原料均为糖质原料或淀粉质原料。为了充分利用原料，提高糖化能力和出酒率，并形成特有的酒品风格，酿酒的原料都必须经过一系列特定工艺的处理，主要包括原料的选择配比及其状态的改变等。环境因素的控制也是关键的环节。淀粉质原料以小麦、米类、杂粮等为主，采用复式发酵法，先糖化、后发酵或糖化发酵同时进行。原料品种及发酵方式的不同，原料处理的过程和工艺也有差异性。我国广泛使用酒曲酿酒，其原料处理的基本工艺和程序是精碾或粉碎，润料（浸米），蒸煮（蒸饭），摊凉（淋水冷却），翻料，入窖发酵等。

5. 蒸馏取酒

所谓蒸馏取酒就是通过加热，利用沸点的差异使酒精从原有的酒液中浓缩分离，冷却后获得高酒精含量酒品的工艺。在正常的大气压下，水的沸点是100℃，酒精的沸点是78.3℃，将酒液加热至两个温度之间时，就会产生大量的含酒精的蒸汽，将这种蒸汽收入管道并进行冷凝，形成高酒精含量的酒品。在蒸馏的过程中，原汁酒液中的酒精被蒸馏出来予以收集，并控制酒精的浓度。原汁酒中的味素也将一起被蒸馏，从而使蒸馏的酒品中带有独特的芳香和口味。

6. 白酒老熟和陈酿

酒是具有生命力的，糖化、发酵、蒸馏等一列工艺的完成并不能说明酿酒全过程就已终结，新酿制成的酒品并没有完全体现酒品风格的物质转化，酒质淡寡，酒体欠缺丰满。固新酒必须经过特定环境的窖藏，经过一段时间的贮存后，醇香和美的酒质才最终形成并得以深化。通常将这一新酿制成的酒品窖香贮存的过程称为老熟和陈酿。

7. 勾兑调味

勾兑调味工艺，是将不同种类、陈年和产地的原酒液半成品（白兰地、威士忌等）或选取不同档次的原酒液半成品（中国白酒、黄酒等）按照一定的比例，参照成品酒的酒质标准进行混合、调整和校对的工艺。勾兑调校能不断获得均衡协调、质量稳定、风格传统地道的酒品。酒品的勾兑调味被视为酿酒的最高工艺，创造出酿酒活动中的一种精神境界。从工艺的角度来看，酿酒原料的种类质量和配比存在着差异性，酿酒过程中包含着诸多工序，中间发生许多复杂的物理、化学变化，转化产生十种甚到百种有机香气成分，其中有些机理至今还未研究清楚。而勾兑师的工作便是富有技巧地将不同酒质的酒品按照一定的比例进行混合调校，在确保酒品总体风格的前提下，以得到整体均匀一致的市场品种标准。

本实验需掌握以下知识点。

（1）浓香型白酒酿造工艺，掌握湖南产区白酒的原料的精选、原料的处理、制曲、老甑发酵等传统酿造方法。

（2）湖南产区浓香型白酒蒸馏工艺中蒸汽压力、蒸汽温度、蒸馏速度、蒸馏时间、看花摘酒、质摘酒技术。

（3）湖南产区浓香型白酒自然陈酿中湿度、温度、时间等自然陈酿的调控；人工老熟中陶瓷片、声波等调控；白酒的人工品尝如白酒香气物质分布、白酒品尝方法和流程。

五、实验材料和设备（或预设参数等）

计算机系统、3Dvia 插件、考核参数等。

虚拟实验材料：小麦、玉米、高粱、大米、大麦等。

浓香型白酒固态发酵生产虚拟仿真实验系统参数。根据传统固态发酵酒厂建设和工艺布局要求，建立酒厂仿真教学场景模型，主要包含：制曲车间、原粮储存及粉碎车间、糠壳库及蒸糠车间、酿造车间、酒库（地下酒库和陶坛库）、包装车间、动力车间、污水处理车间、办公楼、宿舍食堂、大门、厂区道路等单体建筑模型。进入仿真软件，用户可控制人物在厂区行走，并进入到相应的单体建筑模型内了解相关的生产工艺流程，并可对部分工艺环节进行模拟操作。用任务引领与设备互动模拟原料处理整个流程。具有知识点体系与思考题，主要展示设备内部原理与细节，控制方式，事故处理等。具有质量管理与经济核算接口，具有标准流程考核，附带错误操作扣分考核点，处理时间与质量考核等预设参数。

六、实验教学方法（举例说明采用的教学方法的使用目的、实施过程与实施效果）

本实验项目采用翻转课堂教学模式，学生通过授权 ID 登录使用本虚拟仿真实验系统，不受时间空间限制，为多样化的教学方式提供了新的思路。通过线下查阅文献提交资料，进行小组讨论白酒固态发酵工艺方案，最终在网上进行虚拟实验操作。学生完成实验后，利用线上、线下混合式的仿真教学平台，教师辅导答疑，实现了虚拟仿真实验教学"翻转课堂"的全新教学模式。将高成本、高难度、高耗时的白酒固态发酵生产过程虚拟化，满足本科生及研究生参与工程实训的需求，通过与现有的基础教学实验相结合，能起到相互补充、相互促进的教学效果。使用平台：欧贝尔虚拟教学云平台，账号是学号，密码为123。

1. 使用目的

服务器上的白酒固态发酵虚拟仿真实验教学资源是对外展示及信息发布的窗口，应使学生可方便的查询检索和学习，实现网络虚拟教学资源使用中的协作和共享，具体表现如下。

（1）能全程监控，减少教师的管理工作量，简化各项管理任务，提高教学工作效率。

（2）通过虚拟仿真网站资源的交互系统，实现实验网络仿真互动教学，教师可利用网络互动，与学生进行实验答疑、在线交互，提升实验教学水平和效率。

（3）利用虚拟仿真管理系统的多项功能，逐步使实验室成为 24 小时全天候开放的实验教学资源，为学生营造一个自主实验学习的环境，为完成实验课前预习、试验后复习创造可行条件。

（4）该系统还能让教师了解学生中普遍存在的认知问题，并作有针对性的讲解，提高白酒固态发酵生产虚拟实验课的教学质量。

（5）该系统还可让学生模拟酿酒仿真实验，开展实验设计和模拟实验操作，从而提高学生学习兴趣，加深不同专业课之间的横向联系。

（6）虚拟仿真资源平台可提供详实的白酒固态发酵生产虚拟实验课相关的试题库、考试试卷等资源，使该课程的考核更加客观公正，使学生更重视该课程的学习，以此提高教学质量和学生实践动手能力。

2. 具体实施过程

（1）在线预习。利用互联网平台，将虚拟仿真实验软件及相关教学视频等素材共享开放，使学生在上虚拟仿真实验课程之前，可以在线自行预习实验内容，并在网络平台上进行预习测试，测试合格后方可参加后续实验课程。目的是激发学生的学习主动性，促进学生的自主学习能力。

（2）案例教学（情景教学）。老师经过事先周密的策划和准备，通过讲述酿酒企业的真实案例，并将发酵工艺原理、操作、安全等理论知识融入案例的讲述过程，组织学生开展讨论或争论，形成反复的互动与交流，从而达到促进相关理论课程教学的目的。目的是可以让学生通过自己的思考或者他人的思考来拓宽自己的视野，从而丰富自己的知识。

（3）上机实践。指导学生通过操作虚拟仿真软件，对实验原理、3D 场景、酿酒企业安全生产知识、事故应急处理、发酵生产、工厂布局等知识进行针对性学习，并通过对仿真软件的沉浸式体验操作，互动式练习，加深理解所学知识。目的是让通过新的技术手段，提高学生的操作体验，激发学习兴趣的同时可以对理论知识进行有效的补充，提高教学效果。

3. 实施效果

（1）实验教学内容更加形象、生动、直观。本实验将实际的工厂操作过程、生产设备真实呈现，操作者可进入虚拟仿真实验室进行实际观察和操作，学生如果操作错误，需要纠正错误，操作正确后才可以进入到下一阶段的操作。以视频+动画+仿真+指导的教学，全面解析了实验的各个层面，打破常规实验教学单一性，使片面的知识系统化，如此形象、生动、直观的教学内容很好地练了学生的实验操作能力，提升了教学效果。

（2）实验教学过程更安全。学生通过该平台可进行生物工程、食品科学与工程、食品质量与安全等相关专业实验的虚拟仿真实验操作。本项目设有实验教学课件专栏、教学视频专栏等，学生可不受时间、地点的限制，根据自己的实际情况利用网络平台进行学习。学生操作真实白酒发酵生产实验设备的机会较少，将这些设备改为程序控制的软件系统，在计算机上开展虚拟仿真教学，安全系数将大大提高，学生能操作的内容也大大增多，并能直观地看到各个条件下的运行状态。由真实实验转为虚拟仿真实验，学习原理及实验过程，可反复操作，节约成本、人力和物力，无药品、样品、厂场地的限制。

（3）学生的实验操作和科研思维能力得到提升。本虚拟仿真实验通过模块化和程序化设计，让学生在虚拟的仿真环境中操作工厂大型设备、观察实验现象、分析实验结果，采用网络化人机互动方式，提升了大学生的实验操作和科研创新思维能力。

（4）内建题库系统，提供在线自测，为学生的自我巩固学习提供一个良好的平台。这些虚拟仿真资源覆盖面广，学生可自主学习对应微生物学课程的内容，利用视频演示和立体模型构建法，使学生获得了扎实的工艺基础知识和实验技能，增强了学生自主学习的兴趣，培养了学生的独立思考及创新意识，取得了好的教学效果，学生对虚拟仿真工艺系列课程教学效果作出了很好的评价

七、实验方法与步骤要求（学生交互性操作步骤应不少于 10 步）

（1）实验方法描述：输入学号和姓名登陆系统；进入白酒固态发酵生产 3D 虚拟仿真软件操作；学生在教师的指导下进行仿真软件的生产操作、应急事故处理操作；学生提交仿真学习报告及心得体会；教师批改学生报告并对学生的学习效果进行评价；教师教学改进措施。

（2）学生交互性操作步骤说明。

（一）机械酿造工艺操作说明

1. 抽黄水

（1）先前往窖池进行抽黄水操作，打开黄水坑的盖子。

（2）抽黄水，然后用锄头沿窖边挖方形泥块，用耙子取出后，把附着在泥块，上的酒糟拍打下来。

2. 开窖起槽

（1）点击天车将料斗运送至窖池旁，起上层面糟。

（2）点击天车将料斗运送至一旁，接着起中层糟。

（3）点击天车将料斗运送至一旁，接着起下层底糟。

3. 上料

（1）点击料斗，天车将母糟运送至拌料斗上方。

（2）点击铁器料斗俩侧双闸，打开底部折叶。

（3）点击折叶关闭料斗。

（4）点击叉车将粮食和酒曲加入到机器内。

（5）点击酒曲料斗。

（6）移动到光圈处启动传送带和机器。

4. 上甑

（1）机器开始运行，移动至操作台面板处，点击甑锅盖开启按钮。

（2）点击机械臂开启按钮。

（3）点击开关，打开械臂上甑按钮。

（4）点击开关，关闭机械臂旋转。

（5）点击开关，关闭锅盖。

5．接酒

（1）下操作台移动到小酒桶处接酒。

（2）点击出料口开关。

（3）本次接酒完成，剩余的酒将自动处理，下一步进行出甑操作。

6．出甑

（1）移动到操作台进行出甑操作。

（2）点击按钮，将蒸完的酒糟倒入下方传送带上进行打量水步骤。

（3）倾倒完成，点击按钮，将甑锅复位。

（4）出甑完成，下一步自动完成打量水和摊亮操作，可跟随指示到达指定地点进行观察学习。

（5）观察学习打量水和摊凉步骤。

（6）移动到光圈处。

（7）移动到加曲楼梯前，旋转装酒曲铁器的圆盘，加入酒曲。

7．入窖发酵

（1）入窖时温度符合 16～19℃时，最适合入窖。

（2）选装装酒曲铁器的圆盘，加入酒曲。

（3）点击天车将酒糟倒入窖池内进行发酵。

（4）将掉落下的酒糟铺平。

（5）沿之前步骤，继续将剩余酒糟倒入窖池内。

（6）沿四周向中心踩窖。

（7）点击天车取窖泥。

（二）粮食粉碎工艺操作说明

1．粮食粉碎

（1）点击编织袋加入粮食原料。

（2）打开机器开关。

（3）前往定量称前光圈处进行装料。

（4）点击编织袋。

（5）第二次装料，点击编制袋。

（6）第三次装料，点击编织袋。

（7）将粉碎后的粮食装入料斗。

（8）点击电动葫芦。

（9）点击叉车，将料斗移动至酿造车间。

（10）学习除尘设备。

2．曲块粉碎

（1）机器开始运行，前往光圈进行装料操作。

（2）点击编织袋。

（3）第二次装料，点击编制袋。

（4）第三次装料，点击编织袋。

（5）将粉碎后的曲块装入料斗。

（6）点击电动葫芦。

（7）点击叉车，将料斗移动至酿造车间。

（8）点击除尘机学习知识点。

（三）蒸糠及手工酿造工艺操作说明

1. 手工操作

（1）前往粮食拌和处。

（2）将粮食堆中间挖个坑。

（3）点击水桶，测量热水温度。

（4）将热水倒到粮食上。

（5）开始拌和粮食，拌和粮食不能少于两人，用铁铲从底部开始翻。

（6）收堆拍紧，用扫把把周边清扫干净。

（7）进行抽黄水操作，打开黄水坑的盖子。

（8）进行开窖操作。

（9）点击天车将料斗运送至窖池旁，起上层面糟。

（10）点击天车将料斗运送至一旁，接着起中层糟。

（11）点击天车将料斗运送至一旁，接着起下层底糟。

（12）点击天车将母糟运送至拌和处。

（13）点击铁器料斗俩侧双闸，打开底部折叶。

（14）将粮食均匀铺撒到酒糟上。

（15）将粮食和母糟均匀拌和到一起。

（16）将糠加入到母糟中，根据母糟状况评估糠重量大小，酌情增减糠重量。

（17）将糠和母糟均匀拌和，动作与之前拌和粮食操作一样。

（18）进行上甑操作，在底部均匀撒入熟糠，开始上甑。

（19）将周围没上完的糟子清扫干净后，盖上甑锅的盖子。

（20）掺满甑沿、弯管两接头处管道的密封水。

（21）前往接酒处开始接酒。

（22）蒸粮结束后出甑，移开锅盖，将天车十字钩挂在锅上，起吊至摊凉机上。

（23）打开甑锅双侧闸。

（24）将桶内烧开的水倒在糟醅上，闷粮。

（25）闷粮结束，按顺序打开摊凉机传送带、打散机、风机以及下曲机开关。

（26）酒糟入窖时温度在 $16 \sim 19\,℃$ 时最适合入窖，用温度计测量摊凉后酒糟的温度。

（27）进行入窖发酵操作，利用天车将铁器料斗移送至窖池处。

（28）点击铁器料斗俩侧双闸，打开底部折叶。

（29）将掉落下的酒糟铺平。

（30）每铺一甑需要用脚进行踩窖，从四边向中央进行，要松紧一致。

（31）沿之前步骤，继续将剩余酒糟倒入窖池内。

（32）剩余酒糟将自动填满，在顶部的面糟要用铁铲平整，以免浪费，便于封窖。

2. 蒸糠操作

前往光圈进行蒸糠操作。

（四）制曲工艺操作说明

（1）先查看制曲工艺流程图。

（2）首先将小麦倒入入料口，一袋小麦为50kg。

（3）选择开水罐，准备开水。

（4）按顺序打开提升机、绞龙、开水阀。

（5）润麦完成打开润麦盖子。

（6）按顺序将后续的绞龙、粉碎机、提升机打开，进行粉碎、加水拌和操作。

（7）打开压曲机开关。

（8）收集曲块放到推车上。

（9）移动到光圈处推车。

（10）使用推车将曲块移动至曲房内。

（11）将曲块成一字摆放。

（12）在曲块上盖上草帘，插上温度计，以便记录品温。

（13）退出室外，关闭门窗，等待曲块发酵。

（14）当品温达到46℃时，进行第一次翻曲。

（15）移动到门口光圈处。

（16）品温达到62℃，进行二次翻曲。

（17）移动到门口光圈处。

（18）品温达到56℃，进行堆烧（收拢）。

（19）品温达到28℃，发酵完成，将曲块收集，运送至库房。

（20）曲块已经运送至库房，跟随指示前往曲库。

八、实验结果与结论要求

（1）是否记录每步实验结果：√是；○否。

（2）实验结果与结论要求：√实验报告；√心得体会其他。

（3）其他描述：要求学生能够完成白酒酿造操作过程，最终达到稳定生产状态，工艺指标正常；要求学生避免重大操作失误，且能够及时准确地处置突发事故。

九、考核要求

掌握微生物学、食品工程原理、生物化学等基础知识，能熟练运用所学生物化学知识对酿造过程中发生的淀粉和蛋白质的分解现象进行解释，能对控制酿造过程有自己的独特的见解。能够基于微生物、食品领域等相关理论知识并采用科学方法对复杂的工程问题进行研究分析并给出解决思路，包括设计实验、分析与解释数据、并通过信息综合得到合理有效的结论。

考核成绩由实验表现、实验报告及操作成绩组成，实验表现占 20%，实验报告占 20%，自主操作成绩占 60%。平台记录成绩根据各单元操作考核成绩平均得到。不交实验报告，实验成绩评为不及格。

十、教学项目相关网络及安全要求

1. 说明客户端到服务器的带宽要求（需提供测试带宽服务）

经测试，客户端到服务器的带宽要求最低不能低于 10M。低于 10M 过后，网络延迟和丢包现象严重。网页打开非常缓慢，尤其是加载三维实验。所以建议带宽不低于 10M。如果是校园千兆网则不存在卡顿问题，加载非常迅速。

2. 说明能够支持的同时在线人数（需提供在线排队提示服务）

实验本身不限制登录人数，可同时在线人数不低于 5000，单台服务器分布式部署 4 个实例每秒可响应最大并发请求数 800，超过并发响应数时提供在线排队提示，在线请求处理完毕后处理。

附　　录

附录 1　生物食品实验室安全事故应急处置预案

一、实验室火灾应急处理预案

（1）发现火情，现场工作人员立即采取措施处理，防止火势蔓延并迅速报告实验室主任，实验室主任报告主管学院领导，学院主管领导上报学院主要负责人，所有人员得到通知后第一时间赶到现场处置。

（2）确定火灾发生的位置，判断出火灾发生的原因，如压缩气体、液化气体、易燃液体、易燃物品、自燃物品等。

（3）明确火灾周围环境，判断出是否有重大危险源分布及是否会带来次生灾难发生。

（4）明确救灾的基本方法，并采取相应措施，按照应急处置程序采用适当的消防器材进行扑救。包括木材、布料、纸张、橡胶以及塑料等的固体可燃材料的火灾，可采用水冷却法，但对珍贵图书、档案应使用二氧化碳、卤代烷、干粉灭火剂灭火。易燃可燃液体、易燃气体和油脂类等化学药品火灾，使用大剂量泡沫灭火剂、干粉灭火剂将液体火灾扑灭。带电电气设备火灾，应切断电源后再灭火，因现场情况及其他原因，不能断电，需要带电灭火时，应使用沙子或干粉灭火器，不能使用泡沫灭火器或水。可燃金属，如镁、钠、钾及其合金等火灾，应用特殊的灭火剂，如干砂或干粉灭火器等来灭火。

（5）依据可能发生的危险化学品事故类别、危害程度级别，划定危险区，对事故现场周边区域进行隔离和疏导。

（6）火势无法控制时，立即拨打"119"报警求救，同时拨打学校保卫处电话报警，并到明显位置引导消防车。

二、实验室爆炸应急处理预案

（1）实验室爆炸发生时，实验室负责人或安全员在其认为安全的情况下必需及时切断电源和管道阀门，并迅速报告实验室主任，实验室主任报告主管学院领导，学院主管领导上报学院主要负责人，所有人员得到通知后第一时间赶到现场处置。

（2）所有人员应听从临时召集人的安排，有组织的通过安全出口或用其他方法迅速撤离爆炸现场。

（3）应急预案领导小组负责安排抢救工作和人员安置工作。

三、实验室中毒应急处理预案

实验中若感觉咽喉灼痛、嘴唇脱色或发绀，胃部痉挛或恶心呕吐等症状时，则可能是中毒所致。视中毒原因施以下述急救后，立即送医院治疗，不得延误，并迅速报告实验室主任，实验室主任报告主管学院领导，学院主管领导上报学院主要负责人，所有人员得到通知后第一时间赶到现场处置。

（1）首先将中毒者转移到安全地带，解开领扣，使其呼吸通畅，让中毒者呼吸到新鲜空气。

（2）误服毒物中毒者，须立即引吐、洗胃及导泻，患者清醒而又合作，宜饮大量清水引吐，也可用药物引吐；对引吐效果不好或昏迷者，应立即送医院用胃管洗胃。孕妇应慎用催吐救援。

（3）重金属盐中毒者，喝一杯含有几克 $MgSO_4$ 的水溶液，立即就医。不要服催吐药，以免引起危险或使病情复杂化。砷和汞化物中毒者，必须紧急就医。

（4）吸入刺激性气体中毒者，应立即将患者转移离开中毒现场，给予 2%~5% 碳酸氢钠溶液雾化吸入、吸氧。气管痉挛者应酌情给解痉挛药物雾化吸入。应急人员一般应配置过滤式防毒面罩、防毒服装、防毒手套、防毒靴等。

四、实验室触电应急处理预案

（1）触电急救的原则是在现场采取积极措施保护伤员生命，并迅速报告实验室主任，实验室主任报告主管学院领导，学院主管领导上报学院主要负责人，所有人员得到通知后第一时间赶到现场处置。

（2）触电急救，首先要使触电者迅速脱离电源，越快越好，触电者未脱离电源前，救护人员不准用手直接触及伤员。使伤者脱离电源方法：切断电源开关；若电源开关较远，可用干燥的木橛，竹竿等挑开触电者身上的电线或带电设备；可用几层干燥的衣服将手包住，或者站在干燥的木板上，拉触电者的衣服，使其脱离电源。

（3）触电者脱离电源后，应视其神志是否清醒，神志清醒者，应使其就地躺平，严密观察，暂时不要站立或走动；如神志不清，应就地仰面躺平，且确保气道通畅，并于 5 秒时间间隔呼叫伤员或轻拍其肩膀，以判定伤员是否意识丧失。禁止摇动伤员头部呼叫伤员。

（4）抢救的伤员应立即就地坚持用人工肺复苏法正确抢救，并设法联系校医务室或直接呼叫 120 救护车送医救治。

五、实验室化学灼伤应急处理预案

（1）强酸、强碱及其他一些化学物质，具有强烈的刺激性和腐蚀作用，发生这些化学灼伤时，应用大量流动清水冲洗，再分别用低浓度的（2%~5%）弱碱（强酸引起的）、弱酸（强碱引起的）进行中和。处理后，再依据情况而定，做下一步处理。

（2）溅入眼内时，在现场立即就近用大量清水或生理盐水彻底冲洗。每一实验室楼层内备有专用洗眼水龙头。冲洗时，眼睛置于水龙头上方，水向上冲洗眼睛冲洗，时间应不少于15 分钟，切不可因疼痛而紧闭眼睛。处理后，再送眼科医院治疗。

六、实验室微生物污染应急处置预案

（1）如果病原微生物溅泼皮肤上，立即用 75% 的酒精或碘伏进行消毒，然后用清水冲洗。

（2）如果病原微生物溅泼眼内，立即用生理盐水或洗眼液冲洗，然后用清水冲洗。

（3）如果病原微生物溅泼衣服、鞋帽上或实验室桌面、地面，立即选用 75% 的酒精、碘伏、0.2%~0.5%的过氧乙酸、500~1000mg/L有效氯消毒液等进行消毒。

（4）如果工作人员通过意外吸入、意外损伤或接触暴露病原微生物，应立即紧急处理，并及时报告实验室主任及学院领导。

附录 2 常见培养基的配制

（1）牛肉膏蛋白胨培养基配方：一般用于培养细菌。牛肉膏 3.0g，蛋白胨 10.0g，NaCl 5.0g，琼脂 15~20g，水 1000mL，pH 值 7.4~7.6（调 pH 值时缓慢滴加溶液）。

（2）高氏 I 号培养基配方：是用来培养和观察放线菌形态特征的合成培养基。可溶性淀粉 20g，NaCl 0.5g，KNO$_3$ 1g，K$_2$HPO$_4$·3H$_2$O 0.5g，MgSO$_4$·7H$_2$O 0.5g，FeSO$_4$·7H$_2$O 0.01g，琼脂 15~20g，水 1000mL，pH 值 7.4~7.6。

（3）马铃薯培养基配方（PDA）：宜培养酵母菌、霉菌等真菌。马铃薯（去皮，切成小丁，用适量水煮烂，用纱布过滤）200g，葡萄糖（或蔗糖）20g，琼脂 15~20g，水 1000mL，自然 pH。

（4）察氏培养基配方：宜培养真菌的培养（用途是青霉、曲霉鉴定及保存菌种用）。蔗糖 30g，NaNO$_3$ 2g，K$_2$HPO$_4$ 1g，KCl 0.5g，MgSO$_4$·7H$_2$O 0.5g，FeSO$_4$·7H$_2$O 0.01g，琼脂 15~20g，水 1000mL，自然 pH。

（5）乳糖胆盐发酵管（注：双料乳糖胆盐发酵管除蒸馏水外，其他成分加倍）。蛋白胨 20g，猪胆盐（或牛、羊胆盐）5g，乳糖 10g，0.04%溴甲酚紫水溶液 25mL，蒸馏水 1000mL，pH 值 7.4。配制方法：将蛋白胨、胆盐及乳糖溶于水中，调整 pH，加入指示剂，每管分装 9mL，并放入一个小倒管（杜氏小管，避免气泡），115℃高压灭菌 15min。

乳糖胆盐发酵管在大肠杆菌实验中的作用：用溴甲酚紫作指示剂，该指示剂中性时呈蓝紫色，酸性时呈黄色，大肠杆菌能分解乳糖产酸产气，因此乳糖胆盐发酵管里溶液颜色变成黄色和产生气泡。胆盐的作用：胆盐对很多杂菌有抑制作用，但是对大肠杆菌不造成影响。

（6）伊红美蓝琼脂（EMB 琼脂）。蛋白胨 10g，乳糖 10g，磷酸二氢钾 2g，琼脂 15g，伊红 0.4g，美蓝 0.065g，去离子水定容到 1000mL，pH 值 7.1±0.2，121℃高压灭菌 20min。

蛋白胨提供碳源和氮源；乳糖是大肠菌群可发酵的糖类；磷酸氢二钾是缓冲剂；琼脂是培养基凝固剂；伊红和美蓝是抑菌剂和 pH 指示剂，可抑制革兰氏阳性菌，在酸性条件下产生沉淀，形成紫黑色菌落或具黑色中心的外围无色透明的菌落。

附录3 生物食品类实验室常见仪器设备操作规程

一、目的

规定实验室内仪器设备使用及管理，保证检测工作的正常进行。

二、职责

实验室负责人负责实验室仪器设备的综合管理工作，各仪器设备的使用与管理由化验员负责实施。

三、适用范围

本制度适用于实验室内所有仪器设备的购置使用、维护、故障处理、报废与管理工作。

四、仪器设备使用及管理制度

（一）超净工作台操作规程

1. 标准

（1）根据环境的洁净程度，可定期（一般2~3个月）将粗滤布拆下清洗予以更换。

（2）定期（一般为一周）对超净工作台环境进行灭菌，同时经常用纱布沾上酒精或丙酮有机溶剂将紫外杀菌灯外表面揩擦干净，保持表面清洁，否则会影响杀菌效果。

（3）当加大风机电压不能使操作风速达到0.32m/s时，必须更换高效空气过滤器。

（4）更换高效空气过滤器时可打开顶盖，更换时应注意过滤器上的箭头标志，箭头指向即为层气流流向。

（5）更换高效空气过滤气后，应用尘埃粒子计数器检查四周边框密封是否良好，调节风机电压，使操作平均风速保持在0.32~0.48m/s范围内，再用尘埃粒子计数器检查洁净度。

2. 操作规程

（1）使用工作台时，应提前1小时开机，同时开启紫外灭菌灯，处理操作区内表面积累的微生物，三十分钟后关闭杀菌灯。

（2）新安装的或长期未使用的工作台，使用前必须对工作台和周围环境先用超净真空吸尘器或用不产生纤维的工具进行清洁工作台，再采用药物灭菌法和紫外线灭菌法进行灭菌处理。

（3）操作区内不允许存放不必要的物品，以保持操作区的洁净气流流型不受干扰。

（4）操作区内应尽量避免作明显扰乱气流流向的动作。

（5）操作区内的使用温度不得大于60℃。

（二）冰箱操作规程

1. 使用标准

（1）在冰箱接入电源之前，请仔细核对冰箱的电压范围和电源电压是否相等。

（2）冰箱必须有干燥的接地，如果电气线路没有接地，那么必须请电工将冰箱单独接地。

（3）不可将汽油、酒精、胶黏剂等易燃、易爆品放入冰箱内，以免引起爆炸。

（4）冰箱不能在有可燃性气体的环境中使用，如发现可燃气体泄漏，千万不可拔去电源插头，关闭温控器或灯开关，否则会产生电火花，引起爆炸。

（5）切勿用水喷洒冰箱顶部，以免使电气零件受损，发生危险。

（6）清洁保养及搬动冰箱时必须切断电源，并小心操作，不让电气元件受损。

（7）冰箱应放置在平坦、坚实的地面上，如放置不平，可调节箱底平脚。

（8）冰箱应放置在通风干燥，远离热源的地方，并避免阳光直射。

（9）冰箱在一般使用时，会结霜，当结霜特别严重时，可关机或关掉电源进行人工化霜，必要时可打开柜门加速霜层融化。

（10）当冰箱搁置不用时或长时间使用箱内出现异味时，必须进行清理。

（11）不可用酸、化学稀释剂，汽油、苯之类物品清洗冰箱任何部件。

（12）箱内不要放熟的食品，热的仪器必须冷却至室温后，再放入箱内。

2. 操作规程

（1）首次通电或长时间不用重新通电时，由于箱内外温度接近，为迅速进入冷藏状态，可把温度调至最冷处，待冰箱连续运行 2~3 小时，箱温降低后，再将温度调至适当位置。

（2）在使用中，不要经常调动温度控制器。

（三）电子天平操作规程

（1）将电子天平置于稳固、平整的台面上。

（2）插上电源，打开开关。

（3）开机时，秤托盘上不能有重物，待显示稳定后，将空容器放在秤盘上，但其重量不能超出最大称量，按去皮键回零。

（4）加入所需样品后，显示数值即为样品重。

（5）称量完毕，将天平先置零，再关闭开关，拔掉电源。

（6）用干布或干刷子将天平打扫干净，放归原位（避免与水接触）。

（7）天平要经常用配备的砝码进行校准。

（8）天平内应放置适量的干燥剂（如硅胶等）。

（四）高压蒸汽灭菌器操作规程

1. 操作规程

（1）堆放：将要消毒的物品包扎好后顺序地放置在消毒桶内的筛板上，并在包与包之间留有适当的空隙，以利于空气的逸去和蒸汽的穿透。

（2）加水：在灭菌器内加水量超出发热圈 3~5cm 高，水在消毒过程中会逐渐蒸发，水面随之相应降低。每次消毒完毕后，若继续使用，应将水重新加足，避免器身底无水开裂而报废。

（3）密封：将灭菌器桶放入器身内，此时水应不倒流入消毒桶内，盖上消毒器盖，注意将软管插入消毒桶槽内，盖上螺柱紧固槽应与主体的螺柱槽对正，然后按顺时针方向将相应方位的翼形螺母均匀的旋紧，使盖与器身密合。

（4）加热：将灭菌器放在热源上加热，开始时将放气阀摘子放在垂直方位处于放汽状态，消毒器内冷空气会随着加热由阀孔逸出。当水煮沸后有一股较急的蒸汽冲击，此时将放气阀摘子处于关闭状态。消毒器内压力随着加热而上升，并在压力表上指示出来。

（5）灭菌：当灭菌器内压力达到所需范围时，适当调整热源，使它维持恒压，并开始计算灭菌时间，按不同的物品和包装维持所需的灭菌时间。

（6）干燥：敷料、器械和器皿等消毒后需要干燥的，可在消毒结束时，立即将消毒器内的蒸汽由放气阀（或于安全阀）排去，当压力表指针回复至零位后，稍待一分钟，将其打开，并继续加热5分钟，这样能使物品达到干燥。

（7）冷却：溶液和培养基等若在消毒终了时立即放气，会因压力突然降低而剧烈沸腾发生瓶子爆破或溶液溢出等严重事故，所以在消毒终了时不应立即放气，应首先将热源熄灭，或从热源上移开，使它自然冷却。一般20~30分钟后，使锅内压力因冷却而下降至零位，等压力表回到零位，数分钟后将放汽阀门开放和打开盖子。

2. 注意事项

（1）始终应保证消毒器内有足够的水量，每次消毒后应将消毒桶筛板下面积聚的冷凝水倒出。

（2）待灭菌的溶液或培养基应装在耐热或硬质玻璃瓶内，不要装得太满，一般装到容器的1/2~3/4容积，瓶口用棉花塞、牛皮纸线绳包扎好。

（3）使用时，操作人员应经常观察压力表指针值，一旦发现压力表指针超过0.165MPa，安全阀仍不能自动排气时，应立即切断电源，协调工程科相关人员对安全阀进行修理。

（4）若压力表回复至零位，桶内仍不能开启，可能是因内部真空原因所致，此时可以开启放气阀，使外界空气入内，消除真空，即能将盖开启。

（5）压力表使用日久后会使读数不正确，应加检修，检修后应与标准压力表对照，若仍不正常，应更换新表。

（6）平时应保持消毒器清洁干燥，可以延长使用寿命。

（五）电热恒温水浴锅操作规程

（1）锅内加适量水，以浸没电热管3~5cm。

（2）接通电源，温度旋钮调到所需温度的指示处，开启电源，注意检查指示灯是否正常工作（即灯亮表示加热），当加热到所需温度时（以锅上的温度计所指示的温度为准），红灯灭绿灯亮，进行恒温加热。

（3）温度调节旋钮所指示的数值，并非为实际温度值，实际温度值以温度表所指示数值为准，因此在加热过程中应根据温度表的指示，反复调节温度旋钮的数值，直到恒温为止。

（4）经常观察锅内的水量，若水量接近电热管平面时，应及时补充水量，以防水位低于电热管，形成干烧损坏设备。

（5）使用日久后，要对形成的水垢进行清除。

（六）电热蒸馏水器操作规程

（1）开启水源，使冷却水器内有水流入杯内，并调整水流大小（水流过大，要溢出；过小则起不到冷却与补充蒸馏水器中所需的水量）。当锅内水位到观察口时，即可开启电源，进行制水。

（2）制水过程中应有专人照看，随时注意冷却水流量的大小，防止因水过大而溢出，水流过小或断水会烧坏蒸馏水器。

（3）停止制水时要先关闭电源，冷却水源30min（冷却至桶体不烫后即可关闭冷却水源）后再关闭（每次用后将蒸馏水器中的水从排水口放出，减少水垢的生成）。

（4）蒸馏水器在使用一定时间后，要对加热锅内壁及加热管进行检查，及时清除水垢，以保证制水能力。

（5）贮水箱内如有铁锈，应及时打扫清除。

（七）双目生物显微镜操作规程

1. 操作规程

（1）电源，将灯源插头插入插座内，开启光源开关。

（2）将标本放置于移动台上，用标本夹板夹紧，扳动辅助镜手柄，打开孔径光阑。

（3）并在标本上滴入香柏油一滴，并将油镜头旋转至固定卡口进行观察。

（4）慢慢旋转粗调手轮，使移动台上升，在适当接近标本时，一方面用眼观察视场，另一方面利用粗调手轮缓慢向下或向上调焦，直到视场中出现模糊细菌图像后再用微调手轮直至把细菌形状调节清晰，然后停止微调。

（5）观察结束后，切断电源，抬起物镜。先用擦纸擦去镜头上的香柏油，再用沾有二甲苯的擦镜纸擦一遍，最后取干净的擦镜纸擦净。

（6）旋转粗调手轮，将移动台降至最低固定位置，将镜头旋转至"八"字形固定卡口位置。

（7）用塑料套将其罩没，轻轻放回箱中。

2. 注意事项

（1）标本表面滴上的香柏油不可太多，否则影响观察效果。

（2）在旋转粗调手轮，移动台上升或镜头下降接近标本时，必须小心调节，仔细观察，以免碰坏镜头，造成损失。

（3）显微镜使用或存放，必须避免灰尘、潮湿、过冷、过热及有酸有碱的蒸气，存放的箱中应有硅胶干燥剂防潮。

（4）透镜表面有垢时，可用清洁擦镜纸沾少量二甲苯揩拭，切忌用酒精，否则，透镜下的胶将被溶解。

（5）显微镜结构精密，零件决不能随意拆卸。

（八）电热恒温培养箱操作规程

（1）使用前开启箱门，将感温探头头部的保护帽去掉，放置好试件，关闭箱门。

（2）接通电源，检查仪器是否通电、漏电、温控仪是否正常。

（3）使用时，将仪器控温器调节至所需的温度，并拧开箱顶的气阀，并将经过校准的温度计插入气顶内，以此对照电热恒温培养箱的温控仪是否完好。

（4）将物品放入，注意不要将温度计和温控仪的探头弄坏。

（5）使用完毕后，应将仪器进行打扫干净。

（6）若长时间不用，请将箱顶气阀关闭，并将保护帽套好。

（九）电热恒温干燥箱操作规程

（1）使用前开启箱门，将感温探头头部的保护帽去掉，放置好试件，关闭箱门。

（2）接通电源，检查仪器是否通电、漏电、温控仪是否正常。

（3）使用时，将仪器控温器调节至所需的温度，并拧开箱顶的气阀，并将经过校准的温度计插入气顶内，以此对照电热恒温培养箱的温控仪是否完好。

（4）将物品放入，注意不要将温度计和温控仪的探头弄坏，同时需要打开鼓风装置。

（5）当温度升到规定温度时，开始计时。

（6）当物品达到所需时间时，切断电源，让其自然冷却。

（7）用毕后，取出仪器并将仪器进行打扫干净。

（8）若长时间不用，请将箱顶气阀关闭，并将保护帽套好。

（十）离心机操作规程

（1）将仪器放在坚固的平整的台面上，以免运转时产生不必要的麻烦。

（2）不能在盖门放置任何物品，以免出现凹凸不平，影响仪器的使用效果。

（3）使用前必须经常检查离心管是否有裂纹、老化现象，如有应及时更换。

（4）将物品和离心管一起两两进行平衡，并对称放入离心机中，以免损坏仪器，并盖好安全盖。

（5）调节好离心时间，并先从低转速调起，至所需的转速为止，并让其自然停止。

（6）小心取出物品，不可剧烈摇晃，否则需重新离心。

（7）实验完毕后，将调速旋钮调为零，并将转头和仪器擦干净，以防止试液沾污而产生腐蚀和损坏。

（十一）马弗炉（高温炉）操作规程

1. 操作规程

（1）接通电源，将马沸炉在相对低的温度（100℃）下进行预热10分钟。

（2）将所需高温的物品放入相应的坩埚中。

（3）调节温度按钮至所需温度，达到温度后，将装有物品的坩埚用专用钳送入炉堂内，并迅速关闭炉门；注意手不得进入炉堂以免烫伤，必要时需戴好防护手套。

（4）如需要中途调温，应小心调节，手不得接触炉体，以免烫伤。

（5）如需中途将物品取出时，需用专用钳取出，同时面部应避于一旁，以免高温灼伤脸部。

2. 注意事项

（1）使用中，周围不得放有易燃易爆物品，更不得将易爆物品放入炉中。

（2）马弗炉必须放在通风较好的地方，以免产生的灰尘污染其他仪器。

（3）在使用时，需有人在旁观察，以免发生异常情况。

（十二）分光光度计操作规程

（1）将分光光度计接通电源预热20分钟。

（2）将温度旋钮调至当时室内所示温度的刻度。

（3）通过打开和关闭吸光室的盖子，进行调节“零”和“满度”旋钮。

（4）重复调节，直至两个旋钮不再调动为止。

（5）将标准液/样液分别加入已用相应的标准液/样液洗过的比色皿中，并将比色皿外部的液体用吸水纸吸干，尤其是光滑面需用吸水纸擦拭干净。

（6）将比色皿放入吸光室内，并盖好盖子，进行读数。

（7）读数完毕，将仪器擦拭干净，并将比色皿用蒸馏水进行清洗。

（十三）pH 计操作规程

（1）电源线插入电源插座，按下电源开关，预热 30min。

（2）把选择开关旋钮调到 pH 档，并调节温度补偿旋钮，使旋钮指示线对准溶液温度值。

（3）在测量电极插座处拨去短路插座。

（4）用蒸馏水清洗电极，清洗后用滤纸吸干。

（5）在测量电极插座处插上复合电极。

（6）标定。一般来说，仪器在连续使用时，每天要标定一次：把斜率调节旋钮顺时针旋到底（即调到 100%位置）；把清洗过并吸干的电极插入 pH = 6.86 的缓冲溶液中；调节定位调节旋，使仪器显示读数与该缓冲溶液当时温定下降时的 PH 值相一致（如用混合磷酸定位温度为 10℃时，pH = 6.92）；用蒸馏水清洗过的电极，再插入 pH = 4.00（或 pH = 9.18）的标准溶液中，调节斜率旋钮使仪器显示读数与该缓冲溶液中当时温度下的 pH 值一致；重复直至不用再调节定位或斜率两调节旋钮为止。

（7）测量：将电极插入样液内，待显示屏上的数字不再跳动为止。

（8）读数。

（9）测量完毕，关闭电源。

（十四）酶联免疫检测仪操作规程

（1）机器开启后，自检后，根据提示，输入密码后按输入键进入机器的操作界面。

（2）按编辑菜单里面的程序设置，进行新的试验程序的编辑。

（3）阈值设置。

（4）报告种类设置。

（5）标准品设置。

（6）试验模式的设定。

（7）试验名称的设置。

（8）时间设置：在此界面可设置年、月、日，以及具体的时间，小时、分钟、秒等。

（十五）激光粒度仪操作规程

1. 湿法操作规程

（1）开机预热 15~20min。

（2）运行颗粒粒度测量分析系统。

（3）新建数据文件夹选择合适的目录保存，然后"打开"新建的数据文件夹。

（4）向样品池中倒入分散介质，分散介质液面刚好没过进水口上侧边缘，打开排水阀，当看到排水管有液体流出时关闭排水阀（排出循环系统的气泡），开启循环泵，使循环系统中充满液体。

（5）使测试软件进入基准测量状态，系统自动记录前 10 次基准的测量平均结果，刷新完 10 次后，按"下一步"按钮，系统进入动态测试状态。

（6）关闭循环泵，抬起搅拌器，将适量样品（根据遮光比控制加入样品的量）放入样品池中，如有必要可加入相应的分散剂。

（7）启动超声，并根据被测样品的分散难易程度选择适当的超声时间（一般为 1～9min 50s）。

（8）启动搅拌器，并调节至适当的搅拌速度，使被测样品在样品池中分散均匀。

（9）启动循环泵，如果加入样品的遮光比超过 1，则会显示测量结果测试软件窗口显示测试数据，当数据稳定时存储（定时存储或随机存储）测试数据。

（10）数据存储完毕，打开排水阀，被测液排放干净后关闭排水阀，加入清水或其他液体冲洗循环系统，重复冲洗至测试软件窗口粒度分布无显示时说明系统冲洗完毕；如果选择有机溶剂作为介质时，要清洗掉粘在循环系统内壁上的油性东西。

（11）对存储后的测量结果可以进行平均、统计、比较、和模式转换等操作。

（12）仪器长时间不使用要切断总电源，用罩罩住仪器。

2．干法操作步骤

（1）打开激光粒度仪，干粉进样系统（打开空压机）空压机打满器。

（2）做基准。

（3）打开干粉进样器的"测试"，把干粉样品加入到干粉进样器料斗开始进行测试。测试数据稳定保存数据。

（4）清洗：开干粉进样器的"清洗"打开震动电机、压缩空气电磁阀、吸尘器。10 秒后自动关掉。

（5）关闭空气压缩机干燥器。

（十六）移液枪的使用及维护

移液枪的操使用直接关乎实验室检测结果，作为实验室质量负责人，从质量管理角度看，移液枪的管理应关注"三个环节"：定期校准、规范操作、维护保养和消毒。

1．定期校准

（1）移液枪应每年至少一次校准（校准报告+校准标识贴）。

（2）移液枪一旦出现过拆卸后，都需要重新校准后再使用。

2．规范操作

（1）规范移液枪的操作规程。

①装吸头（带滤芯吸头）：移液器套柄用力下压，需要时小幅度旋转即可。错误操作：用力敲击吸头。此方法会带来吸头损坏甚至移液器套柄磨损，从而影响其密封性。

②按要求调节量程：操作之前请先选择正确的移液器。量程调节的原则：当由小量程调节至大量程时，朝所需量程方向连贯旋转，旋转到达超过所需量程 1/3 圈处再回调至所需量程。当由大量程调节至小量程时，直接连贯旋转至所需量程。

③润洗枪头（必要时）：用同一样品重复吸液排液 2～3 次，润洗为以后每次吸液提供相同的接触面，保证操作的一致性。注意：高温或者低温液体请不要润洗！

④吸液：吸液时尽量保持垂直状态，倾斜角度不能超过 20°；吸头浸入深度不宜过深；吸液后在液面中保持一秒钟再将吸头平缓移开，这对于大容量移液器或者吸取粘性样品尤为重要；匀速连贯移液，控制好移液速度，太快会造成喷液，液体或者气雾冲入移液器内部，

污染活塞等部件。

⑤排液和洗吹（必要时）：先将活塞按至第一档排液，略作停顿后按至第二档进行吹液。排液四种方式：沿内壁、在液面以上、在液体表面和液面下。

⑥退吸头。

（2）新冠病毒核酸检测过程中，对于移液过程的注意要求。吸取标本时，应选择1000μL长带滤芯吸头进行操作，避免移液枪在深入采样管内吸取样本时污染枪的头部。吸取核酸时，移液枪需深入深孔板内吸取核酸样本，故应选择加长带滤芯吸头，避免移液枪在深入到深孔板吸取核酸时污染枪的头部。

3. 维护保养和消毒

移液枪的日常维护保养如下。

（1）每次使用结束后（长时间不用的情况），要把移液枪的量程调至最大值的刻度，使弹簧处于松弛状态以保护弹簧。

（2）定期清洁移液器外壁的污渍，可以用95%酒精或60%的异丙醇，再用纯水擦拭，自然晾干。

（3）使用时要检查是否有漏液现象。方法是吸取液体后悬空垂直放置几秒中，看看液面是否下降。如果漏液，则检查吸液嘴是否匹配和弹簧活塞是否正常。

（4）当移液器吸嘴内有液体时，严禁将移液器水平或倒置放置，以防液体流入活塞室腐蚀移液器活塞。

（5）使用正确的方法安装吸头，切记用力不能过猛，更不能采取剁吸头的方法来进行安装。

移液枪的消毒步骤如下。

（1）有些移液枪是可以进行高压灭菌的，这类移液枪可以直接放入压力灭菌器中进行灭菌。如果不确定自己的移液枪是否能进行高压灭菌，可以电话咨询供应商或厂家。

（2）移液枪的枪体外表面可以使用75%的酒精进行擦拭消毒，有的实验室会使用紫外线照射的方法，实际上我们并不推荐这种方法，因为枪体的材料是有机高分子材料，紫外线照射可能会导致枪体老化，降低移液枪的使用寿命。

（3）移液枪可以进行拆卸，不同品牌和型号的移液枪拆卸方法不一致，具体可根据自己的使用的移液枪的情况进行拆卸。将拆卸下来的活塞、套筒和密封圈等用75%的酒精棉球进行擦拭。待酒精挥发后再将部件重新组装好，组装过程中需要使用润滑剂。

（4）组装后的移液枪需要进行重新进行校准和修正。

附录4 实验室常见菌株保存方式

微生物易受到外界环境的影响发生一定概率的变异，这些变异可能造成菌种优良性状的恶化或自身的死亡。优良菌株的获得又是一项艰苦的工作，要菌种在生产中长期保持优良性状，就要设法减少菌种的退化和死亡，即菌种的保藏工作。

斜面传代低温保藏法：该方法是将微生物接种至适宜的斜面培养基上，在适宜的条件下培养，使菌种生长旺盛并长满斜面，对于具有休眠体的菌种培养至休眠阶段，然后经检查无污染后，将斜面放入4℃冰箱进行保存，每隔一段时间进行传代培养后，再继续保藏。它是最基本的微生物保存法，如酸奶等常用生产菌种的保存。传代保存时，培养基的浓度不宜过高，营养成分不宜过于丰富，尤其是碳水化合物的浓度应在可能的范围内尽量降低。培养温度通常以稍低于最适生长温度为好。若为产酸菌种，则应在培养基中添加少量碳酸钙。一般大多数菌种的保藏温度以5℃为好，像厌氧菌、霍乱弧菌及部分病原真菌等微生物菌种则可以使用37℃进行保存，而蕈类等大型食用菌的菌种则可以室温直接保存。

液体石蜡保藏法：将斜面或液体培养物浸入液体石蜡中或于室温4~6℃进行保藏，通过液体石蜡封藏，使微生物处于隔氧状态，降低代谢速度。该法较前一种方法保存菌种的时间更长，适用于霉菌、酵母菌、放线菌及需氧细菌等的保存。此法可防止干燥，并通过限制氧的供给而达到削弱微生物代谢作用的目的。

冷冻干燥保藏法：首先将微生物冷冻，然后在减压下利用升华现象除去水分，最后达到干燥，在冷冻过程需要加入冷冻保护剂。事实上，从菌体中除去大部分水分后，细胞的生理活动就会停止，因此可以达到长期维持生命状态的目的。该方法集中了菌种保藏中低温、干燥、缺氧、和添加保护剂等多种有利于菌种保藏的条件，使微生物处于静止的状态，适用于绝大多数微生物菌种（包括噬菌体和立克次氏体等）的保存。

液氮超低温保藏法：菌种以甘油、二甲基亚砜等作为保护剂，在液氮超低温（-196℃）下的保藏方法。原理是菌种细胞从常温过渡到低温，并在降到低温前，使细胞内的自由水通过细胞外渗出来，以免膜内因自由水凝结成冰晶而使细胞损伤。

一、菌株保存要求

菌种作为一项重要的生物资源，对微生物学教学和研究是必不可少的。菌种保存方法因微生物的不同而异。在菌种保存过程中，必须使微生物的代谢处于最不活跃或相对静止的状态，才能在一定的时间内不发生变异而又保持生活能力。低温、干燥和隔绝空气是使微生物代谢能力降低的重要因素，故菌种保存方法多依据这三个因素而设计。

菌种保存方法有多种，最理想的为真空冷冻干燥法，具有保存时间长、成活率高、变异小等优点，但操作技术难度大，花费高，需特殊设备，一般单位不易做到。而一些常规方法，常因传代次数多、易污染、易变异，给保存带来诸多不利。

多年来，微生物学工作者们一直在研究摸索简便而行之有效的菌种保存方法，笔者查阅相关资料并吸取同行工作者们的实践经验，总结了几种方法简便、效果好的保存方法，现介绍如下。

二、实验室常见菌种保藏方式

1. 需要 4℃ 冰箱保存的保存法

（1）液体石蜡保存法。先将液体石蜡灭菌，然后放于 37℃ 恒温箱中，使水汽蒸发掉备用。再将需要保存的菌种在最适宜的斜面培养基中培养，用无菌吸管吸取已灭菌的液体石蜡，注入已长好的斜面培养基上，用量以高出斜面顶端 1cm 为准。试管需直立，置 4℃ 或室温下保存，一般无芽胞细菌可保存 1 年左右。

（2）高层半固体琼脂石蜡保存法。将需保存的菌种经平板划线分离后，挑单个菌落用接种针反复穿刺接种到高层半固体琼脂培养基中，经 37℃ 12h 培养后取出，用无菌操作将灭菌的液体石蜡滴加半固体琼脂菌种管表层约 0.5cm 高，存放 4℃ 冰箱，1 年转种 1 次。

（3）蒸馏水保存法。取灭菌蒸馏水 6~7mL 加于试管斜面上，用吸管研磨，洗下菌苔充分混匀，将此菌液分装于灭菌的螺旋小瓶中，或用胶塞密封，置 4℃ 保存可存活数年。

2. 需 -20℃ 冰箱冷冻保存的保存法

（1）甘油保存法。甘油-生理盐水保存液的制备：取甘油（分析纯）8 份加入生理盐水 2 份，充分混合后，经 121.3℃ 30min 灭菌备用。

将纯化后的菌株根据菌种不同分别划线接种于其最适宜生长的培养基上培养后，用接种针取典型菌落接种肉汤管 37℃ 培养 6~8h（链球菌和奈瑟氏菌接种血清肉汤管，5%~10% CO_2 环境下 8~10h 培养，真菌直接用接种环取菌洗入肉汤管，不培养）。此为培养液。将此培养液与保存液以 5:2 的比例混合分装于灭菌的微量离心管，置 -20℃ 冰箱保存（链球菌、奈瑟氏菌置 -80℃ 冰箱保存）。使用时需 37℃ 水浴中快速解冻。

用上述方法保存一般菌株可存活 3 年以上，链球菌可存活 12~15 个月，且性状未发生变异。此方法采用幼龄肉汤培养物效果好，且适用于链球菌、弧菌、真菌等需特殊方法保存的菌种。

（2）低温保存法。菌种保存液的配制：K_2HPO_4 12.6g，柠檬酸钠 0.98g，$MgSO_4 \cdot 7H_2O$ 0.18g，KH_2PO_4 3.6g，甘油 88g 加蒸馏水至 1000mL，103.4 kPa 灭菌 30min，4℃ 保存备用。将细菌接种于肉汤培养基中，37℃ 培养 16~18h，或斜面培养物刮取于生理盐水中，然后加入等体积的菌种保存液，冻存于 -70℃ 或 -20℃ 冰箱中。此方法也适合甲链菌、肺球菌、流感杆菌、百日咳杆菌、绿脓杆菌等耐受力低的细菌。-70℃ 保存 10 年以上，-20℃ 可保存 2 年以上。

（3）细菌湿种牛奶冻存法。新鲜牛奶或 15% 奶粉煮沸，冷却脱脂，分装小试管，每管 1mL，8 磅 15 分钟灭菌备用。将纯种菌接种于平板，37℃ 16h 培养，以接种环刮取菌苔 2~3 环于牛奶中混匀，试管用硅胶塞，冻存于普通冰箱冷冻室（-12~-18℃）。使用时取出室温溶解，待部分溶解时即可取一环接种平板，并将试管再迅速冻存，这样可反复使用 3~5 次。此法一般菌株可存活 48 个月，少数如奈瑟氏菌、甲型链球菌、白喉杆菌等可存活 14~30 个月。

（4）甘油原液保存法。将各待保存的菌种纯化后用接种环直接从平板上刮取，置于盛有 0.5mL 甘油原液的菌种瓶中，-20℃ 保存，可连续 52 个月存活良好。此法尤其适合乙型链球菌、破伤风杆菌、产气荚膜梭菌、白色念珠菌等需特殊方法保存的菌种，是一种简便实用的有效保存方法。

3. 需低温-30 或-70℃冰箱保存

（1）脱纤维羊血。无菌抽取羊颈静脉血后，沿瓶壁注入无菌的带玻璃的三角烧瓶中，同时立即同一方向振摇约 8~10min，脱去纤维，然后分装加盖无菌小试管中约 1.0~1.5mL。将脑膜炎双球菌、淋球菌、甲乙型链球菌、肺炎双球菌分别接种于血平板培养基中，前两者置于 5%~10% CO_2 烛缸内，经 35℃ 16~18h 培养，后三者置 37℃恒温箱培养 24h，然后无菌操作取一接种环菌苔移种于上述新鲜脱纤维羊血试管中，立即置-30℃冰冻保存 2 年转种 1 次。用时室温自然冰融即可接种。

（2）纸片法。新华定性滤纸剪成 4mm×4mm，1.5mL 带盖离心管消毒灭菌备用，用消毒小钳子钳上滤纸片于平板上刮取待保种的纯菌落 2~3 个。放于离心管内塞盖再用封口胶布将盖边缘封好放于-30℃冰箱保存。保存 12 个月后取出菌种解冻后用无菌钳取一片放于肉汤管内 37℃培养 12h 后转种血平板，性状未变异。

（3）奶粉液菌种保存法。菌种保存液：脱脂奶粉 10g，NaCl 10.5g，加双蒸水 100mL，121℃ 5min 高压灭菌后分装于 1mL 带盖无菌标本杯中（0.5mL）备用。无菌操作用 4mm×10mm 无菌滤纸条蘸取新鲜菌少许，放存含奶粉液保存杯中，盖好，封口胶封口，低温保存，3 年存活率达 99.2%。使用时将标本杯取出，不等全部融化，上层有少许融化即用接种环取一少许接种于血平板分离即可。

4. 总结

菌种是细菌工作中所不可缺少而又具有传染性生物学因子。为了保证工作和安全，对菌种必须妥善保存和保管。保存菌种不仅要求不死，还要求其生物学性状、生理特性、抗原性等方面不发生变异，这是保存菌种的重要环节。延长菌种存活期应注意：首先，待保存菌种须选择生长期幼龄培养物，且制成浓菌液保存，以保证存活率；其次，高层半固体培基最好选择不含或含糖量低的培基，可减少或避免因代谢产物产生而造成的细菌死亡；最后，保存温度的高低可影响存活率，切忌反复冻融。以上介绍的几种方法，取材简单，操作容易，已经反复实践证明保存时间长，变异小，适合中小型实验室使用。

附录 5 常用染色液的配制

细菌个体微小而透明，在普通光学显微镜下观察不易识别，必须对它们进行染色。染色后菌体与背景之间形成鲜明的对比，从而可在显微镜下清楚地观察。因此，生物染色是微生物学的一项基本技术。

用于微生物染色的染料主要有碱性染料和酸性染料两大类。碱性染料电离后带有正电荷，能和带有负电荷的物质相结合。微生物细胞表面和内部大分子如核酸带有大量的负电荷，这样电离后带有的正电荷的碱性染料就可与细胞表面和内部的负电荷相互作用而使菌体细胞着色。常用于细菌染色的碱性染料有结晶紫、美蓝、石炭酸复红、孔雀绿等。酸性染料电离后带有负电荷，能和带有正电荷的物质相结合。细菌分解糖类产酸而使培养基的 pH 下降，细菌所带的正电荷增加，微生物细胞内蛋白质也是带有正电荷细胞组分，它们可与电离后带有的负电荷的酸性染料如伊红、酸性复红或刚果红等相结合而使菌体着色。细菌的染色方法有很多，使用目的也不同。

1. 吕氏美蓝染色液

A 液：美蓝（methyleneblue）　　0.30g；　　95%乙醇　30mL。

B 液：氢氧化钾　　　　　　　　0.01g；　　蒸馏水　　100mL。

将 A 液和 B 液混合即可。

2. 革兰染色液

草酸铵结晶紫染色液：

A 液：结晶紫（crystalviolet）　　2.0g；　　95%乙醇　20.0mL。

B 液：草酸铵　　　　　　　　　0.8g；　　蒸馏水　　80.0mL。

A 液和 B 液混合，放置 48h 后使用。

3. 路哥（Lugos）碘液

碘　1.0g；　　碘化钾　2.0g；　　蒸馏水　300.0mL。

先用少量蒸馏水溶解碘化钾，然后加入碘片，待碘完全溶解后加蒸馏水至 300.0mL。

4. 番红染色液

番红（safranine）　　　　　　2.5g；　　95%乙醇　100.0mL。

配制后于冰箱内保存。用时取 10.0mL 加蒸馏水 40.0mL 混匀即可。

5. 芽孢染色液

（1）孔雀绿染色液。

孔雀绿（malachitegreen）　　5.0g；　　蒸馏水　　100.0mL。

（2）番红染色液同上。

6. 荚膜染色液

（1）结晶紫染色液。

结晶紫　1.0g；　　蒸馏水　100.0mL。

（2）2.20%硫酸铜溶液。

硫酸铜（$CuSO_4 \cdot 5H_2O$）　　　20.0g；　　蒸馏水　　80.0mL。

7. 鞭毛染色液—硝酸银染色液

A 液：单宁酸　5.0g；　　FeCl₃　1.5g；　　蒸馏水　　100.0mL。

溶解后加入 1% NaOH 溶液 1mL 和 15%甲醛溶液 2mL，并定容至 100mL。

B 液：硝酸银　20g；　　蒸馏水　100.0mL。

B 液配好后先取出 10mL 做回滴用。往 90mL B 液中滴加浓氢氧化氨溶液，当出现大量沉淀时再继续滴加浓氢氧化氨溶液，直到溶液中沉淀刚刚消失变澄清为止。然后将留用的 10mL B 液小心逐滴加入，直到出现轻微和稳定的薄雾为止，注意：边滴加边充分摇荡，此步操作尤为关键，应格外小心。配好的染色液 4h 内效果最佳，即现用现配。

8. 乳酸石炭酸溶液

石炭酸　2.0g；　　甘油　40.0mL；　　乳酸（相对密度 1.21）　20.0mL；

蒸馏水　20.0mL；　　棉蓝　0.05g。

石炭酸在蒸馏水中加热溶解，然后加入乳酸和甘油，最后加入棉蓝，使其溶解即成。

9. 吲哚试剂

对二甲基氨基苯甲醛　8g；　　95%乙醇　760mL；　　浓盐酸　160mL。

10. 甲基红试剂

甲基红　　　　　　　0.1g；　　95%乙醇　300mL；　　蒸馏水　200mL。

附录6 食品生产车间常见霉菌、检测技巧、控制方案

食品加工过程中"微污染源"很多，如何防止食品被污染乃是一重要课题。霉菌作为微污染源中的一种，如果不加以控制势必会影响到食品保质期的长短。那又如何控制霉菌污染食品呢？控制霉菌污染，首先要了解霉菌的生长环境、污染食品的条件。在此基础上，方可以提出合理的防控措施，提高食品卫生质量。

一、常见霉菌

（1）曲霉：在自然界中分布广泛，它以土壤或空气为媒介，而污染至食品原料。该霉在原料贮藏期间几乎不会死亡。因其对干燥抗性强，故常在一些干燥食品中被分离出来，而糖类和壳类处理工厂，也常被此类霉菌污染。曲霉会产生黄曲毒素，为天然致癌物质中致癌性最强的霉菌毒素（图1）。

图1　曲霉形态特征示意图

（2）青霉：与曲霉一样在自然界中广泛分布，而且具同样的生态，但曲霉生长于中温至高温，而青霉以中温性为主，青霉也是以土壤和空气为媒介，而污染至食品原料中，是干燥性壳物产品处理工厂的主要霉菌。其有害性是造成食品腐败和产生霉菌毒素以及诱发过敏（图2）。

图 2　青霉形态特征示意图

（3）毛霉：毛霉在土壤、粪便、禾草及空气等环境中存在。在高温、高湿度以及通风不良的条件下生长良好。在工厂湿度高的环境、通风不良的环境与气温差异显著的地方（如湿的地板和天花板），常有此霉菌存在（图3）。

图 3　毛霉形态特征示意图

（4）交链孢霉：属中温性和好湿性霉菌。其有害性是造成腐朽、腐败和过敏。在高湿度的工厂环境（如鱼肉、水产加工与肉食加工环境）的天花板、墙与地板、配水管的黑色霉菌，几乎均为该菌或枝孢霉（图4）。

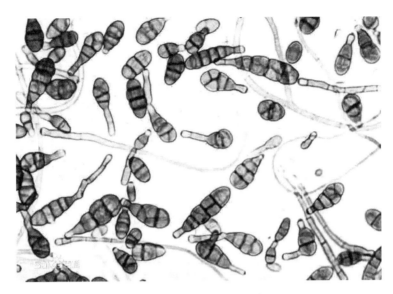

图4　交链孢霉形态特征示意图

（5）镰刀菌：是一类世界性分布的真菌，它不仅可以在土壤中越冬越夏，还可侵染多种植物（粮食作物、经济作物、药用植物及观赏植物），引起植物的根腐、茎腐、茎基腐、花腐和穗腐等多种病害，寄主植物达100余种。食用霉变的粮食可导致人患病和死亡。某些菌种可诱发人皮肤和角膜溃疡。恶性肿瘤的发生可能与有的菌种有关（图5）。

图5　镰刀菌形态特征示意图

（6）根霉：黑根霉也称匍枝根霉，分布广泛，常出现于生霉的食品上，瓜果蔬菜等在运输和贮藏中的腐烂及甘薯的软腐都与其有关。黑根霉（ATCC6227b）是目前发酵工业上常使用的微生物菌种。黑根霉的最适生长温度约为2~8℃，超过32℃不再生长（图6）。

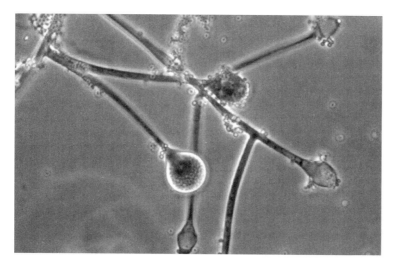

图6　根霉形态特征示意图

二、霉菌生长习性

与霉菌的生长繁殖关系密切的有水份、温度、基质、通风等条件，为此，只有充分的了解霉菌的生长习性，才能为下一步控制霉菌提供理论依据。

1. 水分

霉菌生长繁殖主要条件之一是必须保持一定的水分，大部分霉菌于湿度90%以上，水含量18%的高湿度环境下以上容易生长。当食品中的水分活性值为0.98时，霉菌最易生长繁殖。

2. 温度

温度对霉菌的繁殖及产毒影响同样重要。大多数霉菌繁殖最适宜的温度为25~30℃，在0℃以下或30℃以上，不能产毒或产毒力减弱。如黄曲霉的最适生长温度37℃左右，最适产毒温度为28~32℃。

3. 氧

霉菌为绝对好气性微生物，于通气良好环境下生长较好，故厌氧下其生长可被抑制。

4. 食品基质

与其他微生物生长繁殖的条件一样，不同的食品基质霉菌生长的情况是不同的，一般而言，霉菌则在以碳水化合物为主要成分的植物性食品原料中繁殖。

三、霉菌污染的防治措施

1. 温、湿度控制

控制车间的温度和湿度，温度在24℃以下，湿度在55%以下，因为过高的温湿度会促进霉菌的生长。必要时应装设有效的换气设施，每2h用风机及时将含有大量水分的空气排出车间，以防止室内温度过高、蒸汽凝结或异味等发生。

2. 化学处理

酒精喷雾消毒是制造食品时防止霉菌与细菌污染常用的方法，每天班前、班后对车间内部墙壁、风机、下水道、案面、手部、围裙套袖、墙壁、下水道实施75%的酒精或消毒剂喷洒，杀灭霉菌。对于制造环境的天花板、壁面与地板等，为防止霉菌污染，应采用防腐蚀、抗霉菌与防止结露的施工及材料。

3. 紫外线照射或臭氧处理

人员的工作服、更衣室等，必须保持卫生清洁，定期清洗和进行紫外线或臭氧杀菌30min以上，防止人为造成霉菌的交叉污染（不可在有人情况下杀菌）。紫外线对霉菌孢子的杀菌效果有限时，可适当配合酒精喷雾等方法进行处理。

4. 洁净室

人员的工作服、更衣室等，必须保持卫生清洁，定期清洗和进行紫外线或臭氧杀菌30min以上，防止人为造成霉菌的交叉污染（不可在有人情况下杀菌）。紫外线对霉菌孢子的杀菌效果有限时，可适当配合酒精喷雾等方法进行处理。

5. 车间卫生控制

首先要保持生产车间的内部工具的清洁和卫生，注意对一些卫生死角进行严格的卫生清理和保持（每半月实施一次深度清洁）。管理者与操作人员应具有卫生观念，随时注意操作的卫生与减少污染的可能性，必须从加强员工卫生教育着手。

附录 7　实验室安全操作指南

一、实验室区域行为规范

（1）不得在实验室饮食、储存食品、饮料等个人生活物品；不得做与实验、研究无关的事情。

（2）整个实验室区域禁止吸烟（包括室内、走廊、电梯间等）。

（3）未经实验室管理部门允许不得将外人带进实验室。

（4）熟悉紧急情况下的逃离路线和紧急应对措施，清楚急救箱、灭火器材、紧急洗眼装置和冲淋器的位置。铭记急救电话 119/120/110。

（5）保持实验室门和走道畅通，最小化存放实验室的试剂数量，未经允许严禁储存剧毒药品。

（6）离开实验室前须洗手，不可穿实验服、戴手套进入餐厅、图书馆、会议室、办公室等公共场所。

（7）保持实验室干净整洁，实验结束后实验用具、器皿等及时洗净、烘干、入柜，室内和台面均无大量物品堆积，每天至少清理一次实验台。

（8）实验工作中碰到疑问及时请教该实验室或仪器设备责任人，不得盲目操作。

（9）做实验期间严禁长时间离开实验现场。

（10）晚上、节假日做某些危险实验时室内必须有 2 人以上，以保实验安全。

二、化学品的储存保管

（1）所有化学药品的容器都要贴上清晰永久标签，以标明内容及其潜在危险。

（2）所有化学药品都应具备物品安全数据清单。

（3）熟悉所使用的化学药品的特性和潜在危害。

（4）对于在储存过程中不稳定或易形成过氧化物的化学药品需加注特别标记。

（5）化学药品应储存在合适的高度，通风橱内不得储存化学药品。

（6）装有腐蚀性液体容器的储存位置应当尽可能低，并加垫收集盘，以防倾洒引起安全事故。

（7）将不稳定的化学品分开储存，标签上标明购买日期。将有可能发生化学反应的药品试剂分开储存，以防相互作用产生有毒烟雾、火灾，甚至爆炸。

（8）挥发性和毒性物品需要特殊储存条件，未经允许不得在实验室储存剧毒药品。

（9）在实验室内不得储存大量易燃溶剂，用多少领多少。未使用的整瓶试剂须放置在远离光照、热源的地方。

（10）接触危险化学品时必须穿工作服，戴防护镜，穿不露脚趾的满口鞋，长发必须束起。

（11）不得将腐蚀性化学品、毒性化学品、有机过氧化物、易自燃品和放射性物质保存在一起，特别是漂白剂、硝酸、高氯酸和过氧化氢。

三、有机溶剂的使用

1. 易燃有机溶剂

许多有机溶剂如果处理不当会引起火灾甚至爆炸。溶剂和空气的混合物一旦燃烧便迅速蔓延，火力之大可以在瞬间点燃易燃物体，在氧气充足（如氧气钢瓶漏气引起）的地方着火，火力更猛，可使一些不易燃物质燃烧。当易燃有机溶剂蒸气与空气混合并达到一定的浓度范围时，甚至会发生爆炸。使用易燃有机溶剂时，需注意以下事项。

（1）将易燃液体的容器置于较低的试剂架上。

（2）保持容器密闭，需要倾倒液体时，方可打开密闭容器的盖子。

（3）应在没有火源并且通风良好（如通风橱）地方使用易燃有机溶剂，但注意用量不要过大。

（4）储存易燃溶剂时，应该尽可能减少存储量，以免引起危险。

（5）加热易燃液体时，最好使用油浴或水浴，不得用明火加热。

（6）使用易燃有机溶剂时应特别注意使用温度和实验条件，如机溶剂的燃点、自燃温度、燃烧浓度范围。

（7）化学气体和空气的混合物燃烧会引起爆炸（如 3.25 克丙酮气体燃烧释放的能量相当于 10g 炸药），因此燃烧实验需谨慎操作。

（8）使用过程中，需警惕以下常见火源：明火（本生灯、焊枪、油灯、壁炉、点火苗、火柴）、火星（电源开关、磨擦）、热源（电热板、灯丝、电热套、烘箱、散热器、可移动加热器、香烟）、静电电荷。

2. 有毒有机溶剂

有机溶剂的毒性表现在溶剂与人体接触或被人体吸收时引起局部麻醉刺激或整个机体功能发生障碍。一切有挥发性的有机溶剂，其蒸气长时间、高浓度与人体接触总是有毒的，比如：伯醇类（甲醇除外）、醚类、醛类、酮类、部分酯类、苄醇类溶剂易损害神经系统；羧酸甲酯类、甲酸酯类会引起肺中毒；苯及其衍生物、乙二醇类等会发生血液中毒；卤代烃类会导致肝脏及新陈代谢中毒；四氯乙烷及乙二醇类会引起严重肾脏中毒等。因此使用时应注意以下事项。

（1）尽量不要将皮肤与有机溶剂直接接触，务必做好个人防护。

（2）注意保持实验场所通风。

（3）在使用过程中如果有毒有机溶剂溢出，应根据溢出的量，移开所有火源，提醒实验室现场人员，用灭火器喷洒，再用吸收剂清扫、装袋、封口，作为废溶剂处理。

四、电的使用

（1）实验室内严禁私拉电线。

（2）使用插座前需了解额定电压和功率，不得超负荷使用电插座。

（3）插线板上禁止再串接插线板。同一插线板上不得长期同时使用多种电器。

（4）大型仪器设备需使用独立插座。

（5）不得长期使用临时接线板。

（6）节约用电。下班前和节假日放假离开实验室前应关闭空调、照明灯具、计算机等用电器。即使在工作日，这些用电器没有必要开启时，也要随时将其关闭。

五、水的使用

实验室用水分为自来水、纯水及超纯水三类。在使用时应注意如下事项。

（1）节约用水，按需求量取水。

（2）根据实验所需水的质量要求选择合适的水。洗刷玻璃器皿应先使用自来水，最后用纯水冲洗；色谱、质谱及生物实验（包括缓冲液配置、水栽培、微生物培养基制备、色谱及质谱流动相等）应选用超纯水。

（3）超纯水和纯水都不要存储，随用随取。若长期不用，在重新启用之前，要打开取水开关，使超纯水或纯水流出约几分钟时间后再接用。

（4）用毕切记关好水龙头。

六、液氮的使用

液氮常用作制冷剂。制冷剂会引起冻伤，少量制冷剂接触眼睛会导致失明，液氮产生的气体快速蒸发可能会造成现场空气缺氧。使用和处理液氮时应注意如下事项。

（1）戴上绝缘防护手套。

（2）穿上长度过膝的长袖实验服。

（3）穿上过脚踝不露脚面的鞋，戴好防护眼镜，必要时戴防护面罩。

（4）保持环境空气流畅。

七、洗液的使用

洗液分为酸性洗液（重铬酸钠或重铬酸钾的硫酸溶液）、碱性洗液（氢氧化钠–乙醇溶液）及中性洗液（常用洗涤剂）。

（1）酸性洗液放于玻璃缸内，碱性洗液可放于塑料桶内。

（2）使用碱性洗液时，玻璃仪器的磨口件应拆开后再放入洗液缸内，以免磨口被碱性液腐蚀而发生黏合。放入碱液前玻璃仪器要用丙酮和水预洗。

八、仪器、设施、器具的使用

1. 玻璃器皿

正确的使用各种玻璃器皿对于减少人员伤害是非常重要的。实验室中不允许使用破损的玻璃器皿。对于不能修复的玻璃器皿，应当按照废物处理。在修复玻璃器皿前应清除其中所残留的化学药品。实验室人员在使用各种玻璃器皿时，应注意以下事项。

（1）在橡皮塞或橡皮管上安装玻璃管时，应戴防护手套。先将玻璃管的两端用火烧光滑，并用水或油脂涂在接口处作润滑剂。对粘结在一起的玻璃器皿，不要试图用力拉，以免伤手。

（2）杜瓦瓶外面应该包上一层胶带或其他保护层以防破碎时玻璃屑飞溅。玻璃蒸馏柱也应有类似的保护层。使用玻璃器皿进行非常压（高于大气压或低于大气压）操作时，应当在保护挡板后进行。

（3）破碎玻璃应放入专门的垃圾桶。破碎玻璃在放入垃圾桶前，应用水冲洗干净。

（4）在进行减压蒸馏时，应当采用适当的保护措施（如有机玻璃挡板），防止玻璃器皿发生爆炸或破裂而造成人员伤害。

（5）普通的玻璃器皿不适合做压力反应，即使是在较低的压力下也有较大危险，因而禁止用普通的玻璃器皿做压力反应。

（6）不要将加热的玻璃器皿放于过冷的台面上，以防止温度急剧变化而引起玻璃破碎。

2. 旋转蒸发仪

旋转蒸发仪是实验室中常用的仪器，使用时应注意下列事项：

（1）旋转蒸发仪适用的压力一般为 $10\sim30$ mmHg。

（2）旋转蒸发仪各个连接部分都应用专用夹子固定。

（3）旋转蒸发仪烧瓶中的溶剂容量不能超过一半。

（4）旋转蒸发仪必须以适当的速度旋转。

3. 真空泵

真空泵是用于过滤、蒸馏和真空干燥的设备。常用的真空泵有三种：空气泵、油泵、循环水泵。水泵和油泵可抽真空到 $20\sim100$ mmHg，高真空油泵可抽真空到 $0.001\sim5$ mmHg。使用时应注意下列事项：

（1）油泵前必须接冷阱。

（2）循环水泵中的水必须经常更换，以免残留的溶剂被马达火花引爆。

（3）使用完之前，先将蒸馏液降温，再缓慢放气，达到平衡后再关闭。

（4）油泵必须经常换油。

（5）油泵上的排气口上要接橡皮管并通到通风橱内。

4. 通风橱

通风橱的作用是保护实验室人员远离有毒有害气体，但也不能排出所有毒气。使用时应注意下列事项：

（1）化学药品和实验仪器不能在出口处摆放。

（2）在做实验时不能关闭通风。

5. 温度计

温度计一般有酒精温度计、水银温度计、石英温度计及热电偶等。低温酒精温度计测量范围 $-80\sim50$℃；酒精温度计测量范围 $0\sim80$℃；水银温度计测量范围 $0\sim360$℃；高温石英温度计测量范围 $0\sim500$℃，热电偶在实验室中不常用。实验室人员应选用合适的温度计。温度计不能当搅拌棒使用，以免折断、破损，导致其他危害。水银温度计破碎后，要用吸管吸去大部分水银，置于特定密闭容器并做好标识，待废化学试剂公司进行处理，然后用硫磺覆盖剩余的水银，数日后进行清理。

6. 气体钢瓶

钢瓶内的物质经常处于高压状态，当钢瓶倾倒、遇热、遇不规范的操作时都可能会引发爆炸等危险。钢瓶压缩气体除易爆、易喷射外，许多气体易燃、有毒且具腐蚀性。因此钢瓶的使用应注意：

（1）正常安全气体钢瓶的特征。

①钢瓶表面要有清楚的标签，注明气体名称。

②气瓶均具有颜色标识。

③所有气体钢瓶必须装有减压阀。

（2）气体钢瓶的存放。

①压缩气体属一级危险品，尽可能减少存放在实验室的钢瓶数量，实验室内严禁存放氢气。

②气体钢瓶应当靠墙直立放置，并采取防止倾倒措施；应当避免曝晒、远离热源、腐蚀性材料和潜在的冲击；同时钢瓶不得放于走廊与门厅，以防紧急疏散时受阻及其他意外事件的发生。

③易燃气体气瓶与助燃气体气瓶不得混合放置；可燃、易燃压力气瓶离明火距离不得小于10m；易燃气体及有毒气体气瓶必须安放在室外，并放在规范的、安全的铁柜中。

（3）气体钢瓶的使用。

①打开减压阀前应当擦净钢瓶阀门出口的水和尘灰。钢瓶使用完，将钢瓶主阀关闭并释放减压阀内过剩的压力，须套上安全帽（原设计中无需安全帽者除外）以防阀门受损。取下安全帽时必须谨慎小心以免无意中打开钢瓶主阀。

②不得将钢瓶完全用空（尤其是乙炔、氢气、氧气钢瓶），必须留存一定的正压力。

③气体钢瓶必须在减压阀和出气阀完好无损的情况下，在通风良好的场所使用，涉及有毒气体时应增加局部通风。

④在使用装有有毒或腐蚀性气体的钢瓶时，应戴防护眼镜、面罩、手套和工作围裙。严禁敲击和碰撞压力气瓶。

⑤氧气钢瓶的减压阀、阀门及管路禁止涂油类或脂类。

⑥钢瓶转运应使用钢瓶推车并保持直立，同时，关紧减压阀。

7. 离心机

在固液分离时，特别是对含很小的固体颗粒悬浮液进行分离时，离心分离是一种非常有效的途径。使用时注意以下几点。

（1）在使用离心机时，离心管必须对称平衡，否则应用水作平衡物以保持离心机平衡旋转。

（2）离心机启动前应盖好离心机的盖子，先在较低的速度下进行启动，然后调节至所需的离心速度。

（3）当离心操作结束时，必须等到离心机停止运转后再打开盖子，决不能在离心机未完全停止运转前打开盖子或用手触摸离心机的转动部分。

（4）玻璃离心管要求较高的质量，塑料离心管中不能放入热溶液或有机溶剂，以免在离心时管子变形。

（5）离心的溶液一般控制在离心管体积的一半左右，切不能放入过多的液体，以免离心时液体散逸。

8. 注射器

使用注射器时要防止针头刺伤及针筒破碎而伤害手部，针头和针筒要旋紧以防止渗漏。

用过的注射器一定要及时洗净。无用的针筒应该先毁坏再处理，以防他人误用。

9. 冰箱和冰柜

实验室中的冰箱均无防爆装置，不适用存放易燃、易爆、挥发性溶剂。

（1）严禁在冰箱和冰柜内存放个人食品。

（2）所有存放在冰箱和冰柜内的低沸点试剂均应有规范的标签。

（3）放于冰箱和冰柜内的所有容器须密封，定期清洗冰箱及清除不需要的样品和试剂。

九、实验室主要的安全事故

1. 火灾事故

原因：忘记关电源，致使设备或用电器具通电时间过长，温度过高，引起着火；操作不慎或使用不当，使火源接触易燃物质，引起着火；供电线路老化，超负荷运行，导致线路发热，引起着火；乱扔烟头，接触易燃物质，引起着火等。这类事故的发生具有普遍性，任何实验室都可能发生。

2. 爆炸事故

原因：违反操作规程，引燃易燃物品，进而导致爆炸；设备老化，存在故障或缺陷，造成易燃易爆物品泄漏，遇火花而引起爆炸。这类事故多发生在有易燃易爆物品和压力容器的实验室。

3. 生物安全事故

原因：微生物实验室管理上的疏漏和意外事故不仅可以导致实验室工作人员的感染，也可造成环境污染和大面积人群感染；生物实验室产生的废物甚至比化学实验室的更危险，生物废弃物含有传染性的病菌、病毒、化学污染物及放射性有害物质，对人类健康和环境污染都可能构成极大的危害。

4. 毒害事故

原因：违反操作规程，将食物带进有毒物的实验室，造成误食中毒；设备设施老化，存在故障或缺陷，造成有毒物质泄漏或有毒气体排放不出，造成中毒；管理不善，造成有毒物质散落流失，引起环境污染；废水排放管路受阻或失修改道，造成有毒废水未经处理而流出，引起环境污染。这类事故多发生在具有化学药品和剧毒物质的化学化工实验室和具有毒气排放的实验室。

5. 设备损坏事故

原因：线路故障或雷击造成突然停电，致使被加热的介质不能按要求恢复原来状态造成设备损坏；高速运动的设备因不慎操作而发生碰撞或挤压，导致设备受损。这类事故多发生在用电加热的实验室。

6. 机电伤人事故

原因：操作不当或缺少防护，造成挤压、甩脱和碰撞伤人；违反操作规程或因设备设施老化而存在故障和缺陷，造成漏电触电和电弧火花伤人；使用不当造成高温气体、液体对人的伤害。这类事故多发生在有高速旋转或冲击运动的机械实验室，或要带电作业的电气实验室和一些有高温产生的实验室。

7. 设备或技术被盗事故

原因：实验室人员流动大，设备和技术管理难度大，实验室人员安全意识薄弱，让犯罪分子有机可乘。这类事故是实验室安全常发事件，不仅造成了财产损失，影响了实验室的正常运转，甚至有可能造成核心技术的外泄。

十、预防措施

1. 杜绝人为隐患

参与实验工作主体是人，人的不安全因素是导致实验室安全事故发生的最主要原因。因此，只有从"人"着手，通过各种手段提高实验人员的安全意识和素养，才能最大限度地减少安全隐患。我国高校对于实验室安全十分重视。例如，研究生在使用受管制物料或仪器前，均需接受大学安全与环境事务处安排的强制性安全训练及考试，合格后方可进入实验室。对理工类本科生也要强制进行安全训练，既有大课教育，也有网络课程，并开设防火、逃生等一般性安全训练课程。清华大学开发了实验室安全课网上学习与考试系统，利用现代网络信息技术及丰富的网络信息资源开展实验室安全教育。

2. 构建安全环境

良好的安全环境是保证实验室安全的重要因素，构建安全环境，应该从硬件和软件上着手进行。

硬件方面：实验室（楼）要配备完善的安全设施，如，消防器材、报警装置、紧急喷淋装置、洗眼器、急救箱、废弃物收集装置等。要经常对安全通道进行检查，保证安全通道的畅通，保证实验用电和用水安全、合格。

软件方面：明确各实验室安全责任人，针对各个实验室的潜在危害张贴明显标志，对各种仪器设备的安全注意事项、使用规则明确告知，对药剂的危害、应急处理措施予以明确标注。要定期进行安全检查，开展安全学习和安全知识实验技术与管理竞赛，制定严格的奖惩措施，营造安全氛围。

3. 完善制度体系，提高安全意识

建立完善、明确的实验室管理制度体系并严格执行，是实验室安全工作可持续发展的重要保障，也是安全准入制度运行的必要条件。

十一、实验室安全管理制度

1. 防盗

加强防卫，经常检查，堵塞漏洞。非工作人员不得进入仪器室，室内无人时随即关好门窗。仪器室内不会客，不住宿，未经领导同意，谢绝参观。办公室内不得存放私人贵重物品。发生盗窃案件时，保护好现场，及时向领导、治安部门报告。

2. 防火、防爆

仪器室备有防火设备：灭火机、砂箱等。严禁在仪器室内生火取暖。易燃、易爆的化学药品要妥善分开保管，应按药品的性能，分别做好贮藏工作，注意安全。做化学实验时要严格按照操作规程进行，谨防失火、爆炸等事故发生。

3. 防水

实验室的上、下水道必须保持通畅，实验楼要有自来水总闸，生物、化学实验室设置分闸，总闸由值班人员负责启闭，分闸由有关管理人员负责启闭。冬季做好水管的保暖和放空工作，要防止水管受冻爆裂酿成水患。

4. 防毒

实验室藏有有毒物质，实验中会产生毒气、毒液，因此必须做好防毒工作。有毒物质应妥善保管和贮藏，实验后的有毒残液要妥善处理。建立危险品专用仓库，凡易燃、有毒氧化剂、腐蚀剂等危险性药品要设专柜单独存放。化学危险品在入库前要验收登记，入库后要定期检查，严格管理，做到"五双管理"即双人管理、双人收发、双人领料、双人记帐、双人把锁。实验中严格遵守操作规程，制作有毒气体要在通风橱内进行，实验室装有排风扇，保持实验室内通风良好。实验桌上备有废液瓶，化学实验室备有废液缸，实验室附近有废液处理池，防止有毒物质蔓延，影响人畜。

5. 安全用电

实验室供电线路安装布局要合理、科学、方便，大楼有电源总闸，分层设分闸，并备有触电保安器。总闸由每天的值日人员控制，分闸由各室的管理人员控制，每天上下班检查启闭情况。用电源总闸设在讲台附近，由专人负责控制供停。

实验室电路及用电设备要定期检修，保证安全，决不"带病"工作。如有电器失火，应立即切断电源，用沙子或灭火器扑灭。在未切断电源前，切忌用水或泡沫灭火机灭火。如发生人身触电事故，应立即切断电源，及时进行人工呼吸，急送医院救治。

十二、实验室安全管理之"八防"

1. 防水

每个实验室都配有一次性水、纯水、高纯水或制水的仪器如蒸馏器、纯水机。作业人员在使用的过程中有忘记关水龙头的，或者是突然停水后打开水龙头忘记关闭的。某实验室曾发生过一起漫水事故，就是因为停水当天，打开了水龙头忘记关闭，出水量过大，排水口又被堵住了导致实验室漫水严重，花了一个小时才把实验室的水清理干净。还要定期检查制水仪器，防止有漏水的情况。

2. 防火

实验室有各种火具如酒精灯、电炉，还有 FID 气相色谱仪会产生火的仪器。这些都可能带来安全隐患，那么在使用这些东西的时候我们要结合燃烧的三要素——着火源、可燃物、助燃物，在使用火的时候就要消除火源附近的助燃物以免引起火灾事故。当发生火灾进行灭火时同样要结合燃烧的三要素，去掉其中一个就能阻止燃烧。火灾又分 A、B、C、D 四类，每一类火灾使用的灭火器都要区分开来而且每个实验室都必须配备灭火器，且灭火器要定期进行检查。

3. 防毒

在使用有毒物质的时候要了解有毒物质的理化特性、使用方法和应急措施。一切药品和试剂要有与其内容相符的标签，剧毒物品要严格遵守"五双"制度（双人保管、双人发放、双把锁、双台账、双人验收）。例如，在配制硫酸溶液的时候，要戴好防腐蚀乳胶手套和防护眼镜，使用玻璃容器盛装，将酸加入水中而不是将水加入酸中，边加入边搅拌，待冷却后装入试剂瓶中。若硫酸溅到皮肤上则用抹布擦拭干净后再用大量水冲洗。像配制硫酸溶液这种，我们就要考虑作业前、作业中、作业后的各个注意事项。

4. 防腐蚀

实验室常用的试剂如硫酸溶液、氢氧化钠溶液等都具有腐蚀性。使用腐蚀性的溶液会对实验台、实验仪器腐蚀。在使用这些溶液的时候，要做好防护措施，若溶液滴在实验台、实验仪器上要及时用抹布擦拭干净。使用后的废液要用容器进行回收而不是乱排乱放。

5. 防触电

不管是在工作中还是在家中都要防触电。首先从用电设施上说起，电源插座必须接地线，大功率仪器、电器设备必须接空气开关，实验室整个用电必须有漏电保护开关；其次，在使用电器设备时不能用湿手触摸电器开关和电源，在使用过程中严格按照电器设备的操作规程，在对仪器进修检修或则维护的时候必须做到"三步曲"——停机、断电、挂牌；最后，使用完毕后关闭仪器设备电源使之恢复到使用前的状态。

6. 防爆

易爆类的药品有苦味酸、高氯酸、双氧水等，像这类药品应单独存放不应和其他易燃物品放在一起。用玻璃仪器在电炉上进行加热时，要将玻璃器具外壁的水擦拭干净，需要放玻璃珠的放玻璃珠防止玻璃器具破裂。进行易爆炸的操作时，例如用奥氏气体分析仪分析爆炸性气体时，爆炸瓶外须装上防护网。烘箱内严禁烘烤易燃易爆的物品。

7. 防环境污染

一般实验室产生的废弃物有废液、废气、废物。实验室产生最多的废弃物要属废液了，使用后的没有用的溶液不能直接排放到废液池中，先用废液桶收集起来集中处理，例如调废液的 pH，含有重金属的废液用另一种废液进行置换中和后再排放到废液池，这样会减轻污水处理的难度也会减少处理成本，同时也保护了环境；废物包括废弃的药品、废弃的试剂瓶等，废弃的药品要集中收集起来再处理而不能直接丢到垃圾桶，废弃的试剂瓶应当用水冲洗干净后再丢掉。废气的处理难度较大一些，但是有一些简单的方法也可以保护环境，比如在实验室放置活性炭、放置一些吸收废气的盆景等。

8. 防野蛮作业

野蛮作业就是不按操作规程作业。野蛮作业是最大的安全隐患，那么防止野蛮作业最大的因素就是严格执行操作规程。可以说每一个操作规程都是用前辈们好的经验和鲜血换来的，所以每一步操作都必须按照操作规程来执行。有的人工作久了，觉得自己对工作有经验，有时候会偷一下懒，殊不知这种行为正是酿成事故的重要因素。事故的三要素就是人的不安全行为，物的不安全状态，环境因素。控制住了这三要素，就会避免事故的发生。

附录 8 常用的微生物名称

一、细菌

蜡状芽孢杆菌 *Bacillus cereus*

枯草芽孢杆菌 CMCC（B）63 5011 *Bacillus subtilis* CMCC（B）63501

嗜热脂肪芽孢杆菌 *Bacillus stearothermophilus*

枯草芽孢杆菌 *Bacillus subtilis*

黄色短杆菌 *Brevibacterium flavum*

生孢梭菌 *Clostridium sporogenes*

产气肠杆菌 *Enterobacter aerogenes*

粪便肠球菌 *Enterococcus faecalis*

大肠埃希菌 *Escherichia coli*

大肠埃希菌 CMCC（B）44102 *Escherichia coli* CMCC（B）44102

保加利亚乳杆菌 *Lactobacillus bulgaricus*

肠膜状明串珠菌 *Leuconostoc mesenteroides*

藤黄微球菌 *Micrococcus luteus*

耻垢分枝杆菌 *Mycobacterium smegmatis*

普通变形杆菌 *Proteus vulgaris*

铜绿假单胞菌 *Pseudomonas aeruginosa*

荧光假单胞菌 *Pseudomonas fluorescens*

红螺旋菌 *Rhodospirillum* sp.

金黄色葡萄球菌 *Staphylococcus aureus*

金黄色葡萄球菌 CMCC（B）26003 *Staphylococcus aureus* CMCC（B）26 003

表皮葡萄球菌 *Staphylococcus epidermidis*

乳酸链球菌 *Streptococcus lactis*

嗜热链球菌 *Streptococcus thermophilus*

二、放线菌

细黄链霉菌 *Streptomyces micro flavus*

灰色链霉菌 *Streptomyces griseus*

三、真菌

曲霉菌 *Aspergillus* sp.

黑曲霉 *Aspergillus niger*

黑曲霉 CMCC（F）98 003 *Aspergillus niger* CM CC（F）98 003

白色念珠菌 CMCC（F）98001 *Candida albicans* CMCC（F）98001

产朊假丝酵母 *Candida utilis*

青霉菌 *Penicillium* sp.

产黄青霉 *Penicillium chrysogenum*

米根霉 *Rhizopus oryzae*

红酵母 *Rhodotorula* sp.

酿酒酵母 *Saccharomyces cerevisiae*

酿酒酵母 SA 菌株（ade his+，单倍体）

酿酒酵母 PH 菌株（ade+his，单倍体）

里氏木霉菌 *Trichoderma reesei*

附录 9　常用的计量单位

表示方法，下面列出了生物学实验中常用的 SI 单位（国际单位制）。

1. 长度

长度的 SI 单位是米（m），生物学中常用厘米（cm）和纳米（nm）。

1 厘米（cm）= 10^{-2} 米（m）

1 毫米（mm）= 10^{-3} 米（m）

1 微米（μm）= 10^{-6} 米（m）

1 纳米（nm）= 10^{-9} 米（m）

2. 体积

体积的 SI 单位是立方米（m^3）升（L）和毫升（mL）为国家选定的非 SI 单位。

玻璃器皿上多用升和毫升来标示刻度。

各种体积单位的换算关系如下。

1 升（L）= 10^{-3} 立方米（m^3）

1 毫升（mL）= 10^{-6} 立方米（m^3）

3. 质量

质量的 SI 单位是千克（kg）。在生物学上常用的质量单位有千克（kg）、克（g）和毫克（mg）。

1 克（g）= 10^{-3} 千克（kg）

1 毫克（mg）= 10^{-3} 克（g）

4. 物质的量

物质的量的 SI 单位是摩尔（mol）

CFU 是菌落形成单位（colony forming unit）的缩写，是指样品在适当的稀释状态下，每一个细菌细胞在培养基上，生长繁殖所形成的单一易区别菌落，每菌落单位称为 1CFU。

CFU/g：每克样品中含有的细菌菌落总数。

CFU/mL：每毫升样品中含有的细菌菌落总数。

CFU/cm^2：每平方公厘米样品中含有的细菌菌落总数。

MPN 是最大可能数（most probable number）的缩写，又称稀释培养计数法，结合微生物学与统计学的检测数值表示法，数字并非实际细菌数目，而是通过统计模型，推算实际菌数最可能落在信赖区间的位置，即该样品最可能有多少细菌的估测值。